Günther Schellhorn

RADIONIK

Elektronik zum Anfassen

**Schellhorn, Günther
Radionik, Elektronik zum Anfassen**

ISBN 3-9800725-3-3

1. Auflage

Alle in diesem Buch veröffentlichten Schaltungen und Verfahren werden ohne Rücksicht auf die Patentlage oder mögliche Schutzrechte Dritter mitgeteilt. Sie sind ausschließlich für Lehrzwecke bestimmt.

Autor und Verlag haben alle Sorgfalt walten lassen, um Fehler nach Möglichkeit auszuschließen. Die angegebenen Daten dienen allein der Produktbeschreibung und sind nicht als zugesicherte Eigenschaften im Rechtssinne aufzufassen. Es wird keine Verantwortung oder Haftung für Folgen, die auf fehlerhafte Angaben zurückzuführen sind, übernommen. Für die Mitteilung eventueller Fehler sowie für Ergänzungs- und Verbesserungsvorschläge ist der Verlag jederzeit dankbar.

ISBN 3-9800725-3-3
© 1989 by Härtl-Verlag, 8452 Hirschau

Alle Rechte, insbesondere des Nachdrucks, der Entnahme von Abbildungen, der Wiedergabe in irgendeiner Form (Druck, Fotokopie, Mikrofilm oder in in einem anderen Verfahren) vorbehalten. Es darf ohne Genehmigung des Verlages weder reproduziert noch unter Verwendung elektronischer Systeme verarbeitet, vervielfältigt oder verbreitet werden.

Druck: W. Tümmels Buchdruckerei und Verlag GmbH, Nürnberg
Umschlaggestaltung: Werbeberatung C. Sperber, Atelier Börner

Vorwort:

Unsere ganze Welt wird von Elektronik beherrscht. Jeder kennt Radios, Fernseher, Fotokopierer und dergleichen. Aber auch moderne Haushaltsgeräte bedienen sich zunehmend elektronischer Steuerungen und Regelungen. Manche selbsttätig ablaufenden Programme bei Maschinen aller Art wären ohne den Einsatz der Elektronik gar nicht zu verwirklichen. Ganz zu schweigen von der Weltraumfahrt! Schließlich sei auch an die vielen Kleincomputer erinnert, die sich gerade bei jungen Leuten eines besonderen Interesses erfreuen.

Daraus geht schon hervor, daß die Elektronik nicht nur ein sehr interessantes Betätigungsfeld für Hobbyfreunde ist, sondern daß sich im Bereich der Elektronik auch weite Chancen für einen Lebensberuf bieten. Dies umso mehr, als die Elektronik in ständiger Ausdehnung begriffen ist. Dadurch ist auch eine gute Zukunftssicherheit gegeben. Wegen der steigenden Buntheit der elektronischen Welt ist es daher sinnvoll, sich bereits in sehr jungen Jahren die Grundlagen der Elektronik anzueignen. Sagte doch schon vor längerer Zeit der leitende Meister einer großen Münchener Reparaturwerkstatt auf die Frage, was denn ein angehender Lehrling an Grundkenntnissen mitbringen solle, sinngemäß: ,,Ein Radio sollte er bauen können"!

Ziel dieses Buches ist es daher, elektronisch unbelastete Leute aller Art, besonders aber junge Menschen, so ab 12, auf spielerische, unterhaltsame Weise mit den Grundlagen der Transistor-Schaltungstechnik vertraut zu machen. Und zwar so, daß sie sich leicht auch in kompliziertere Zusammenhänge elektronischer Art einzuarbeiten vermögen (man denke etwa an die vielen preiswerten Bausätze, die allenthalben angeboten werden), daß sie elektronische Fachliteratur verstehen, also ein Gefühl für elektronische Bauteile aller Art erhalten und daß sie schließlich gewissermaßen ,,elektronisch zu denken" vermögen. Hierzu bietet sich die Radiotechnik geradezu an. Dabei wird außer radiotechnischen Dingen auch ein gerüttelt Maß von allgemeiner Elektronik vermittelt.

Ausgegangen wird dabei von einer außerordentlich einfachen und nachbausicheren Grundschaltung namens Simplex. Zu Anfang wird ein besonders zweckmäßiges Vielfachinstrument (Multimeter) vorgestellt und der Umgang mit ihm ausführlich geübt. Denn Messen der wichtigsten elektronischen Größen ist für eine ernsthafte und befriedigende Beschäftigung mit der Elektronik unentbehrlich, auch oder gerade für den Heimwerker-Elektroniker. Deswegen wird auch zwischendurch beim Bau des Gerätchens bei passenden Gelegenheiten immer wieder der erreichte Stand durch Messungen überprüft. Es wird von Anfang an auch der Fachjargon verwendet, der von den Elektronik-Praktikern gebraucht wird. Ab und zu werden auch englische Fachbegriffe gebraucht. Denn in der Praxis kommt es häufig vor, daß englischsprachige Literatur zu lesen ist.

Vorkenntnisse elektronischer Art werden nicht vorausgesetzt, nur einfache handwerkliche Fähigkeiten im Umgang mit Laubsäge, Handbohrmaschine, Zangen, Schraubendrehern etc. sowie mit einfachen Taschenrechnern. Daher ist dieses Buch auch besonders geeignet für Facharbeiter elektronikferner Berufe, z.B. Mechaniker, die sich auf elektronischem Gebiet eine gewisse Zusatzausbildung verschaffen wollen, etwa, um sich für einen Einsatz als Servicepersonal zu qualifizieren.

Die Art des Aufbaues und die Wahl der Bauteile erfolgte ausschließlich nach didaktischen Gesichtspunkten, nicht nach solchen der Modernität. Das bedeutet weiter, daß Kostengesichtspunkte hintangestellt werden mußten . . ., jede echte Ausbildung kostet irgendwie Geld. Eine „Arme-Leute-Elektronik" bringt hier gar nichts!

Die elektronischen Bauteile beschafft man sich am besten im Elektronik-Versandhandel; denn gut sortierte Fachgeschäfte sind nicht überall zu finden. Und in der betrieblichen Praxis wird ohnehin fast alles „nach Katalog" bestellt.

Dem Leser wird dringend empfohlen, dieses Buch von vorne an systematisch Kapitel für Kapitel durchzuarbeiten, weil die nachfolgenden Seiten immer auf dem weiter vorn Geschriebenen aufbauen und im Text auch oft zurückverwiesen wird.

Zum Schluß noch ein alter Erfahrungssatz: „Man lernt nie etwas vergebens". Das trifft heute besonders zu.

Aber nun: Auf geht's

Inhaltsverzeichnis

Titel	Seite
Vorwort	3
Inhaltsverzeichnis	5
Messen ist sehr wichtig	7
Das Arbeiten mit dem Multimeter	8
Die Radio-Bank	9
Die einzelnen Bauteile auf der Radio-Bank	12
Liste der Einzelteile	16
Die Verdrahtung	18
Erste Durchmessung der Verdrahtung	20
Die Diode D	21
Die Transistoren T 1 und T 2	22
Fertigstellung der Verdrahtung ... Simplex-1	24
Inbetriebnahme	24
Ton-Rundfunksender	25
Messungen am Empfänger im Betrieb	26
Die Ein- und Ausgangskreise der Transitoren	27
Von der Ansicht zur Schaltung	27
Unser Empfänger als Schaltung	28
Die Lautstärke wird einstellbar gemacht	33
Experimentierausflug zum Sender	36
Die Trennschärfe wird erhöht	37
Eine Verstärkerstufe wird angehängt ... Simplex-1 extra	43
Wir sparen Strom!	46
Die Verdrahtung von Simplex-1 extra	46
Tips zum Umgang mit Simplex-1 extra	48
Batterieprüfung	48
Kondensatorprüfung	49
Was bedeutet eigentlich: „20 kΩ/V.DC"?	50
Was heißt: „dB"?	51
Langwellenempfang	51
Simplex-2	52
Grundlegende Unterschiede zu Simplex-1	52
Ausgleichen unterschiedlicher Stromverstärkungen	55
Die Schaltung von Simplex-2	56
Der Aufbau von Simplex-2	58
Das Digital-Multimeter	62
Kleines Experiment mit Simplex-2	63
Die Lautstärke wird wieder einstellbar gemacht	64
Simplex-2 plus	68
Berechnung des Kollektorstromes von T 3	69
Berechnung von R 5	69
Berechnung von R 6 und R 7	69
Transitortester, Transistortester	71
Die Grundschaltung unseres FET-Testers	72
FET-Test-Vorsetzer	74
Der Aufbau des FET-Test-Vorsetzers	75

FETRANS	77
Die Schaltung von FETRANS	77
Ein weiterer Grundtyp von FETs	79
Die Arbeitsweise von FETRANS	79
Der Aufbau von FETRANS	80
Die Verdrahtung	01
Justierung von P 1 und P 2	82
Sonstiges zu FETRANS	84
Weitere Meßmöglichkeiten mit FETRANS	85
BITRANS	87
Die Grundschaltung von BITRANS	87
Das komplette Schaltbild von BITRANS	88
Der Aufbau von BITRANS	90
Die Verdrahtung von BITRANS	92
Einstellarbeiten	94
Bedienung und Tips zum Schluß	94
Transistordiagramme	95
FET-Diagramme	95
BIPO-Kennlinien	99
Absolute Grenzwerte	101
Kondensator-Bemessung	102
Grenzfrequenzen	102
NF-Tapete und HF-Tapete	103
Komponentensparende Zwei-Transistor-Schaltung	106
Kleiner Rückblick	106
Grundschaltung komponentensparender Zwei-Transistor-Schaltung	107
Die praktische Schaltung	109
Der Eingangswiderstand	110
Schaltung ohne Elektrolytkondensator	111
Anwendungstips	111
Simplex-K	112
Die Schaltung von Simplex-K	112
Die Arbeitsweise der Demodulatorstufe von Simplex-K	115
Der Aufbau von Simplex-K	116
Die Schwingkreisspule LA	121
Die Inbetriebnahme von Simplex-K	123
Anhang	
Werkzeug-Grundausstattung	125
Kleine Lötlehre	125
Farbcode und Normreihen von Widerständen	129
Gebräuchliche Einheiten in der Elektronik	131
Lieferantenverzeichnis	132

Messen ist sehr wichtig!

Von erheblicher Bedeutung für den Umgang mit Elektronik ist das Messen mit verschiedenen elektrischen Meßgeräten. Daher wird hier zu allererst der Umgang mit einem Vielfach-Meßinstrument ausführlich erläutert. Man sollte die folgenden Meßbeispiele mehrmals einüben, am besten an verschiedenen Tagen.

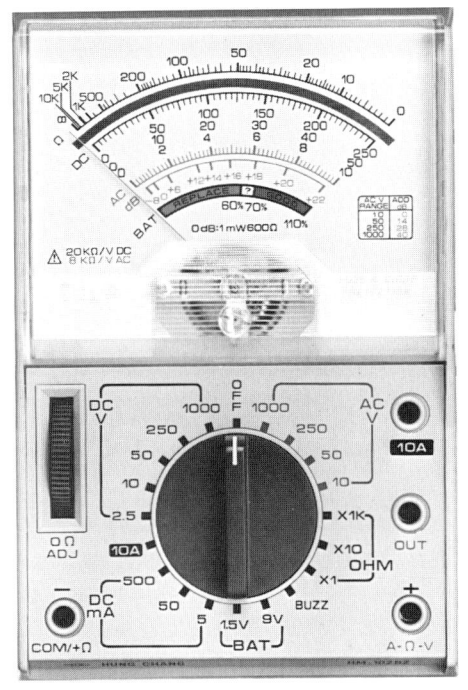

Als Meßinstrument wählen wir Typ HM 102 BZ (Conrad Electronic), ein sogenanntes Multimeter. Es wird von anderen Firmen auch unter anderer Bezeichnung angeboten. Dieses Gerät, Bild 1.1, zeichnet sich bei günstigem Preis durch eine Reihe von Vorteilen aus. Wie alle derartigen Geräte hat es eine Skala, Bild 1.2, mit verschiedenen „Skalenleitern" für den Zeiger des Meßinstrumentes. Mit dem Meßgerät können daher verschiedene Meßarten in verschiedenen Bereichen gemessen werden.

Bild 1.1: Unser Multimeter

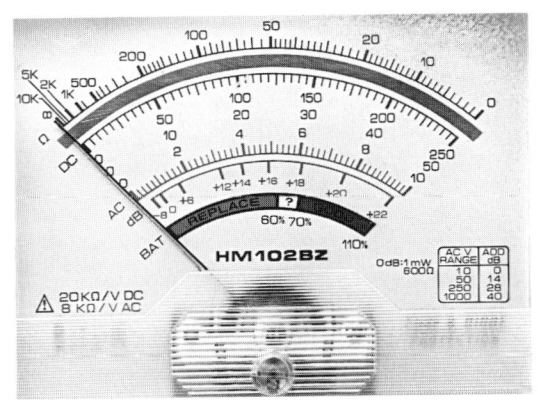

Bild 1.2: Die Anzeigeskala des Multimeters

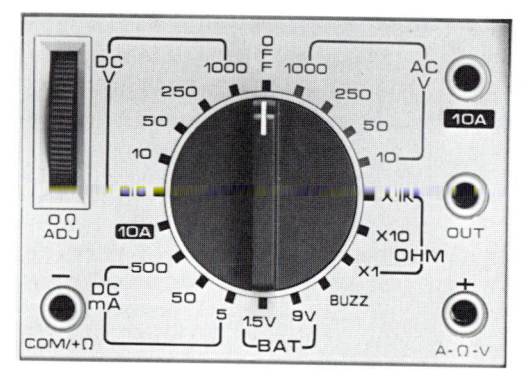

Zur Wahl dieser Meßarten und Meßbereiche dient ein passender Umschalter nebst Skala, *Bild 1.3*, dem im Geräteinneren eine Reihe von spezifischen Kontaktsätzen zugeordnet ist.

Bild 1.3: Der Meßbereichsumschalter des Multimeters

Das Arbeiten mit dem Multimeter.

Hier sollen nur ein paar erste orientierende Messungen zum Schnuppern an dem Multimeter angegeben werden.

A) Messen der Spannung unserer Hausklingel.
In der Haus-Stromverteileranlage wird die Lichtnetzspannung durch einen „Transformator" heruntergesetzt auf ungefährliche 6 ... 9 Volt. Das ist eine Wechselspannung! Alles, was mit Wechselsspannung zu tun hat, ist auf dem Multimeter rot beschriftet und mit „AC" bezeichnet. „AC" bedeutet „alternative current", wie überhaupt in der Elektronik viele englische Begriffe verwendet werden. Wir drehen daher den Umschalter unseres Multimeters aus der Stellung „off" (= „aus") in die rote Stellung „10" und stecken die Meßschnüre in „com/+Ω" und „A-Ω-V" ein.

Dann schrauben wir von der Wohnungsklingel (oder Gong) den Deckel ab, so daß wir an die beiden Anschlußschrauben für die Drähte herankommen können. An diese drücken wir nun die beiden Meßspitzen unseres Multimeters. Wenn nun jemand den Klingelknopf drückt, so klingelt es und das Multimeter zeigt dabei die Wechselspannung an. Nach der Messung stellen wir den Umschalter wieder auf „off".

B) Einfacher läßt sich die Spannung unseres Fahrrad-Dynamos messen. Und zwar zwischen dessen Anschlußschraube und einem blanken Teil des Fahrrades. Dessen Metallgestell dient als zweite Leitung zum Verbraucher (Scheinwerfer, Rücklicht). Bei dieser Messung läßt man sich von einer zweiten Person helfen. Unser Fahrrad-Dynamo hat eine Leerlaufspannung von 7 ... 8 Volt. Daher muß man den Multimeterschalter auf die rote „10" stellen; denn der Dynamo liefert auch eine Wechselspannung. Nur Batterien liefern von Haus aus Gleichspannungen.

C) Eine Gleichspannung liefert daher auch die Batterie eines Autos oder Motorrades. Sie hat heute stets eine Spannung von 12 Volt. Sie ist dabei leicht zugängig und daher bequem zu messen. Da es sich um eine Gleichspannung handelt, muß die Polarität beachtet werden! Die schwarze Meßleitung führt man immer an einen Minuspol (−); die rote an einen Pluspol (+).

Daher stecken wir nun zum Messen die schwarze Meßleitung in die linke Anschlußbuchse, die rote in die rechte Anschlußbuchse unseres Multimeters. Sodann schalten wir den Umschalter unseres Multimeters auf ,,DC 50". ,,50" deswegen, weil die 12 Volt der Autobatterie höher ist als 10 Volt aber niedriger als 50 Volt und immer der nächsthöhere Meßbereich gewählt werden muß.

Nun brauchen wir nur die beiden Anschlüsse einer Autobatterie mit den Prüfspitzen zu berühren. Plus und Minus sind leicht zu erkennen: Minus ist immer derjenige Anschluß, von dem ein breites, geflochtenes Kupferband, das sogenannte Masseband, an die Karosserie führt; denn diese ist stets mit dem Minuspol der Bordelektrik eines Fahrzeuges verbunden. Bei Erwischen der falschen Pole passiert nichts; der Skalenzeiger schlägt nur kurz nach links aus an einen internen Zeigeranschlag. Wir müssen nur sehr aufpassen, daß wir nicht versehentlich das Multimeter auf einen der Bereiche ,,DC - mA" schalten, das wäre für das Multimeter gar nicht zuträglich! Wenn alles stimmt, messen wir unsere 12 Volt oder etwas mehr.

Wird der Motor des Fahrzeuges gestartet, so geht die Batteriespannung auf ziemlich genau 14 Volt hoch, wenn keine anderen starken Stromverbraucher wie Scheinwerfer, Heckscheibenheizung und dergleichen eingeschaltet sind. Dann wird die Batterie von dem Fahrzeug-Dynamo, der sog. ,,Lichtmaschine", voll auf Ladung gehalten und durch eine Begrenzungsautomatik, dem sog. ,,Regler", auf 14 Volt begrenzt.

D) In ganz gleicher Weise können wir die Spannungen anderer Batterien messen. Beispielsweise diejenige einer üblichen Rundzelle aus Taschenlampe oder Küchenuhr. Diese haben 1,5 Volt. Das Multimeter wird daher auf ,,DC - 2,5" Volt geschaltet.

E) Die anderen Meßmöglichkeiten unseres Multimeters lernen wir später kennen.

Die Radio-Bank

Unsere Geräte werden auf einer sogenannten ,,Bank" aufgebaut. Gemäß *Bild 2.1* besteht diese aus einem 16 mm starken Sperrholzbrett (sog. Tischlerplatte) von 220 x 200 mm, an welches vorn ein 3 mm starkes Sperrholzbrettchen von 220 x 65 mm mit drei Holzschrauben 3 x 17 mm als ,,Frontplatte" angeschraubt ist. Beide Holzteile kann man in einem Hobbyladen oder Tischlerei erstehen. In der Frontplatte werden später die Einstellorgane befestigt. Die Bank trägt die restlichen Einzelteile. Seitlich an dieser Bank können kleine Sperrholzbrettchen für Steckbuchsen und ähnliche Anschlußglieder angeschraubt werden. *Bild 2.2* zeigt die mit den Bauteilen bestückte Bank, von vorn gesehen. *Bild 2.3* zeigt die Maße und Anordnungen der Bohrungen auf der Bank; *Bild 2.4* diejenigen der Frontplatte.

Nun werden, anhand von *Bild 2.2*, die einzelnen Bauteile kurz beschrieben (später noch ausführlicher). Links sitzt in der Frontplatte ein ,,Drehkondensator". Von ihm sind hinter der Frontplatte die zugehörigen zwei Lötösen zu sehen.

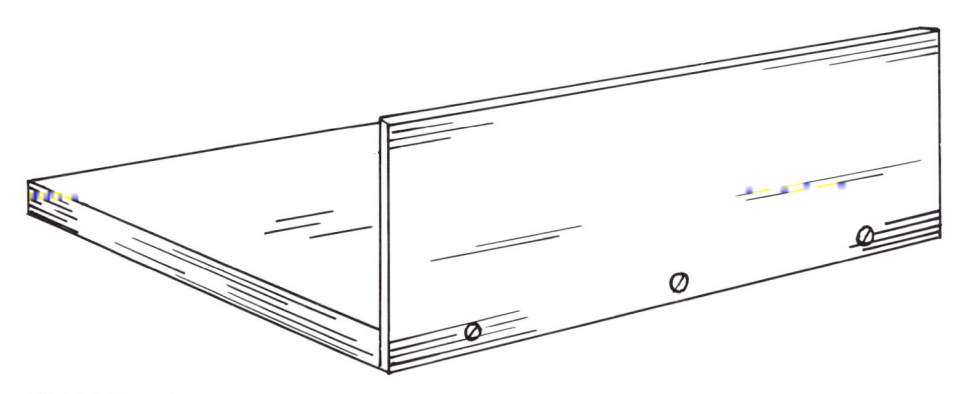

Bild 2.1: Die „Radio-Bank"

Vorn trägt er einen Drehknopf, welcher eine Skala von 0 . . . 50 hat. Ganz rechts sitzt in der Frontplatte ein Kippschalter mit Metallknebel. Er dient später zum Ein- und Ausschalten des Gerätes. Es gibt solche Schalter auch mit Kunststoffknebel.

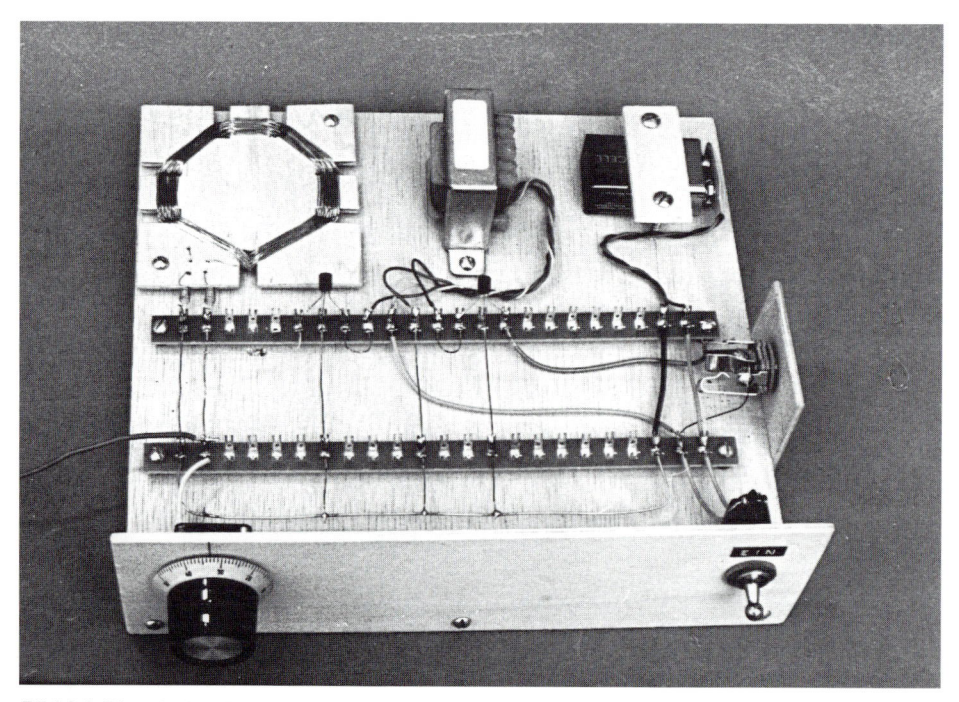

Bild 2.2: Die mit den Bauteilen bestückte und verdrahtete Radio-Bank

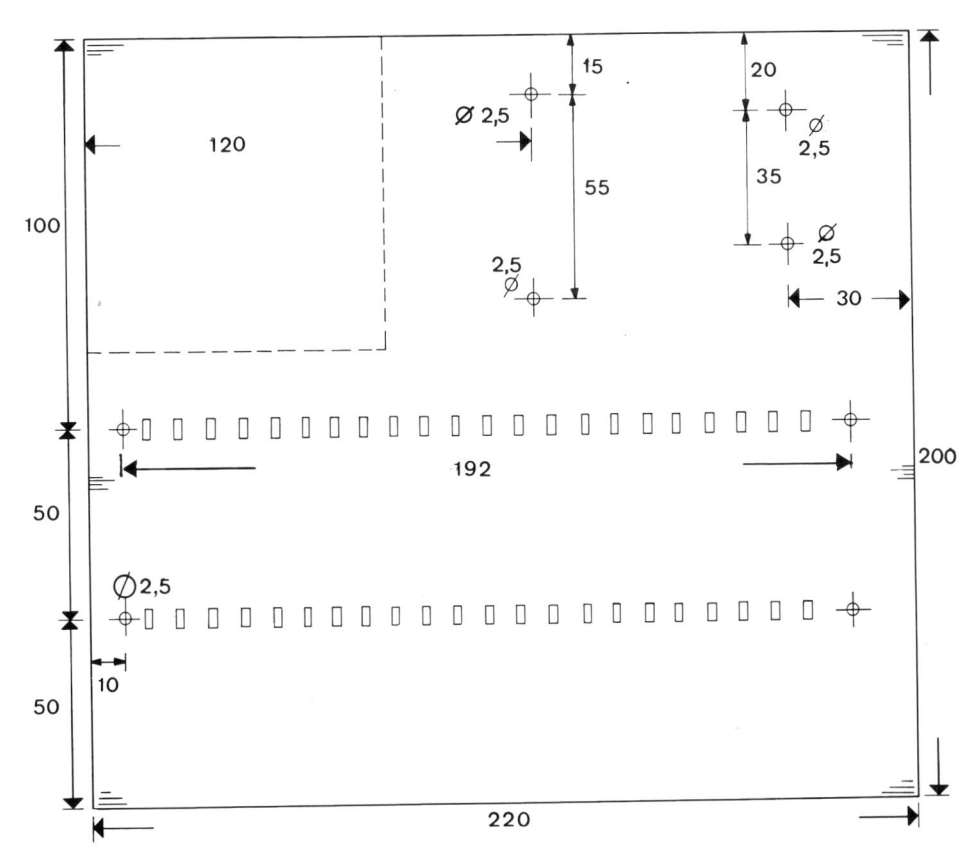

Bild 2.3: Maße und Anordnung der Bohrungen auf der Radio-Bank

Hinter der Frontplatte sind auf dem Montagebrett zwei parallele Lötösenleisten zu sehen. Sie erstrecken sich von links nach rechts und haben je 23 Lötösen. Rechts davon sitzt in einem angeschraubten 3 mm-Sperrholzbrettchen eine 6,3 mm-Klinken-Steckbuchse für den Kopfhörer.

Ganz hinten links ist eine Schwingkreisspule aufgeschraubt. Hinten in der Mitte sitzt ein Niederfrequenz-Transformator. Hinten ganz rechts ist mit einem 3 mm-Sperrholzbügel eine „9 V-Transistorbatterie" befestigt. *Bild 2.5* zeigt die Maße des Klinkenbuchsenträgers, *Bild 2.6* diejenigen des Bügels für die Batterie.

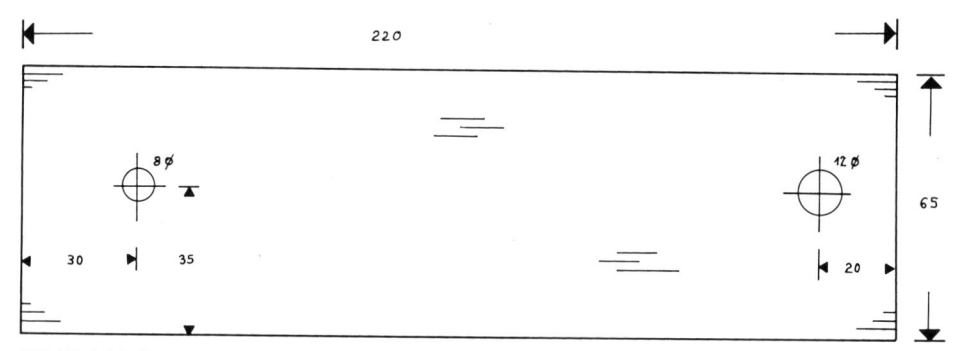

Bild 2.4: Maße und Bohrungen in der Frontplatte

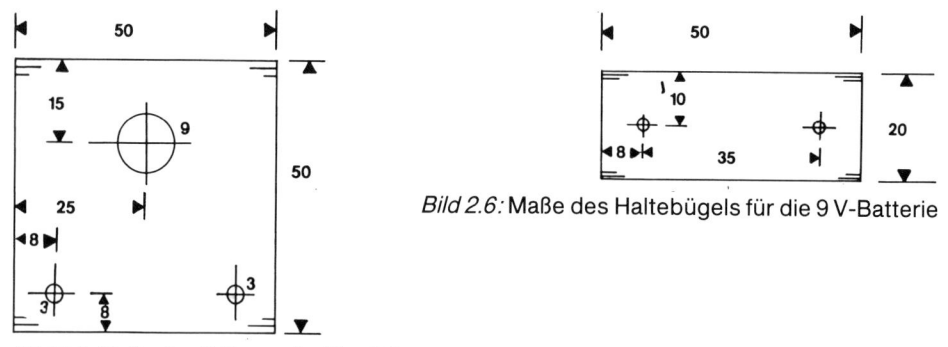

Bild 2.6: Maße des Haltebügels für die 9 V-Batterie

Bild 2.5: Maße des Trägers der Kopfhörer-Klinkenbuchse

Die Bauteile auf der Radio-Bank

Nachfolgend werden die eben genannten Einzelteile ausführlicher erläutert.

Bild 2.7 zeigt eine vergrößerte Abbildung des Einstellknopfes für den Drehkondensator. Wichtig ist für unsere Arbeiten die einprägsame Skala. Der Knopf ist unter der Best.-Nr. 1108/46 von der Fa. Hans Großmann Elektronik in 3252 Bad Münder 2, erhältlich. Es werden später mehrere davon benötigt.

Bild 2.7: Ansicht des Einstellknopfes. Er hat 50 Teilstriche, denen ein Bleistiftstrich auf der Frontplatte zugeordnet ist.

Bild 2.8: Rückansicht des verwendeten Quetsch-Drehkondensators

Bild 2.9: Ansicht eines „Luft-Drehkondensators"

Bild 2.8 zeigt eine vergrößerte Rückansicht des Drehkondensators. Es ist eine „Ausführung mit festem Dielektrikum" (sprich Diélektrikum). Zum Vergleich zeigt *Bild 2.9* einen Drehkondensator mit „Luft-Dielektrikum". Dort ist auf einer 6 mm-Achse (kugelgelagert) ein Satz von ungefähr halbkreisförmigen Metallplatten befestigt. Ein gleichartiger Satz Metallplatten ist isoliert zwischen den Endwänden befestigt. Mit der Achse lassen sich die erstgenannten Platten („Rotorplatten") mehr oder weniger in die Zwischenräume der feststehenden Platten („Statorplatten") hineindrehen. Je nach Einstellung stehen sich mithin mehr oder weniger Platten gegenüber. Je mehr, umso größer ist die „Kapazität" des Drehkondensators. Der Zwischenraum zwischen den Statorplatten und den Rotorplatten ist das schon genannte „Dielektrikum". Dieses muß immer nichtmetallisch sein. In Bild 2.9 besteht es einfach aus Luft! In Bild 2.8 hingegen aus Polystyrol; daher lassen sich solche „Quetsch-Drehkos" kleiner bauen. Der verwendete Drehko nach Bild 2.8 hat eine „Kapazität" von 500 Picofarad. Das sind 500 Billionstel von 1 Farad, der elektrischen Maß-Einheit der Kapazität von Kondensatoren. In der Radiotechnik werden übrigens immer nur Kondensatoren benötigt, welche sehr viel kleiner sind als 1 Farad! Das Rotorpaket ist bei Drehkos nach Bild 2.8 immer mit dem rückseitigen Metallstern verbunden. Das ist für die spätere Verwendung wichtig!

Bild 2.10: Der Ein-Aus-Schalter

Bild 2.10 zeigt eine Ansicht des Ein-Aus-Schalters. Zwischen den runden Lötösen befindet sich ein Bakelitesteg zur besseren gegenseitigen Isolation; denn solche Schalter können auch für Spannungen bis über 250 Volt verwendet werden.

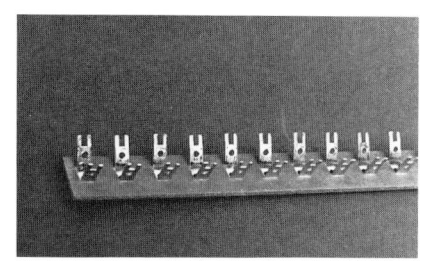

Bild 2.11: Ein Ende einer Lötleiste für die Verdrahtung

Bild 2.11 zeigt ein Ende der Lötösenleisten nach Bild 2.2. Die Enden der einzelnen Lötösen lassen sich gegeneinander von Hand zusammendrücken und dann die Lötösen nach unten herausdrücken. Dies wird hier bei der ersten und letzten Lötöse gemacht und die beiden Lötösenleisten werden über die entstehenden Löcher mittels Holzschrauben 3 x 17 festgeschraubt. Als Lötösenleisten werden hier solche verwendet, deren Lötösen einen gegenseitigen Abstand von 8 mm haben. Das Trägermaterial besteht aus Hartpapier, welches auch „Pertinax" genannt wird.

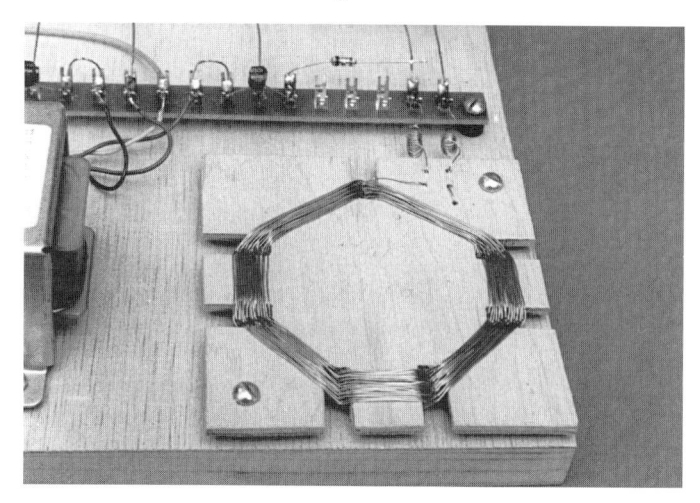

Bild 2.12: Ansicht der Schwingkreisspule. Sie ist nach dem Prinzip eines Korbbodens hergestellt, sog. Korbbodenspule.

In *Bild 2.12* ist die Schwingkreisspule vergrößert dargestellt. Sie bildet zusammen mit dem erwähnten Drehko aus Bild 2.8 in der später erläuterten Weise den Schwingkreis, welcher aus dem Gemisch der Radiowellen eine bestimmte herausfiltert. Die Spule ist nach einem Prinzip aus der Anfangszeit des Rundfunks hergestellt als sog. „Korbbodenspule". Also nach Art des Bodens eines runden Flechtkorbes über eine ungerade (!) Zahl von Stegen gewickelt. Hier werden 7 Stege verwendet und die Wicklung besteht aus 44 Windungen von 0,3 mm-Kupferlackdraht (Kurzbezeichnung „0,3 mm-CuL"). Der Spulenkörper besteht aus 3 mm Sperrholz. Wichtig für den Nachbau-Erfolg sind seine Maße; diese sind in *Bild 2.13* angegeben.

Beim Wickeln (von Hand!) kommt automatisch immer eine Windung vor, die folgende hinter einem Steg zu liegen, das ist die Raffinesse bei solchen Spulen dank der ungeraden Zahl von Stegen! Nach dem gleichen System sind übrigens heute noch unsere „Sternchenzwirne" gewickelt!

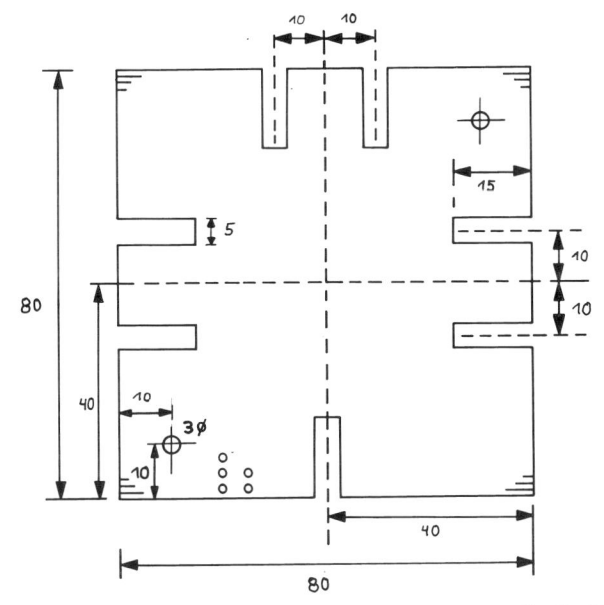

Bild 2.13: Die Abmessungen des Wickelkörpers für die Korbbodenspule

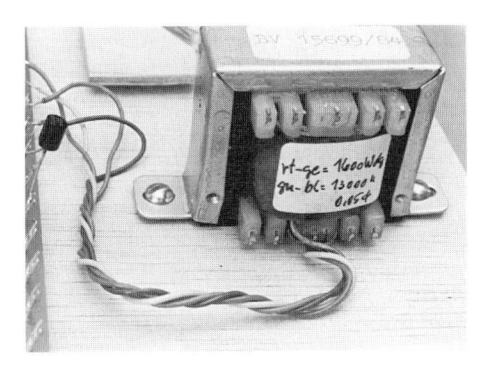

Bild 2.14 zeigt eine Ansicht des Niederfrequenz-Transformators. Die vier Drähte kommen aus einer Spule, welche mit einer Vielzahl von dünnen Blechen umgeben ist. Letztere sind gegenseitig isoliert und werden von einer Blechhaube zusammengehalten. Die Drähte führen zu zwei getrennten Wicklungen von 1600 Windungen (rot, gelb) und 13000 Windungen (blau, grün). Der „Trafo" hat demgemäß ein Übersetzungsverhältnis von rd. 1 : 8.

Bild 2.14: Der Niederfrequenz-Transformator Ü

Bild 2.15: Die 9 V-Batterie

Bild 2.16: Der Anschlußclip für die 9 V-Batterie

Die verwendete 9 V-Batterie zeigt *Bild 2.15*. Man spare hier nicht, sondern verwende am besten eine „Alkaline"-Batterie. Diese Batterien haben eine besonders gute Lagerfähigkeit und leben auch länger. Zu solchen Batterien gehören spezielle Anschlußclips. Einen solchen zeigt *Bild 2.16*. Solche Clips sind unverwechselbar und die rote Litze führt zum Pluspol der Batterie.

Bild 2.17: Die Klinkenbuchse für den Kopfhörer

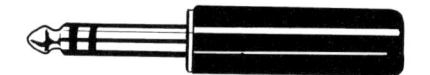

Bild 2.18: Der Klinkenstecker des Kopfhörers HD 40

Bild 2.17 zeigt die Klinkenbuchse für den 6,3 mm-Klinkenstecker des Kopfhörers, *Bild 2.18* diesen Klinkenstecker und *Bild 2.19* den Kopfhörer selbst. Es wird hier von Anfang an ein wertvoller Typ verwendet. Und zwar der Typ HD 40 von Sennheiser, der auch günstige elektrische Daten hat. Es ist ein sog. HiFi-Kopfhörer.

Liste der Einzelteile

2 Transistoren BF 245 A, Best.-Nr. 15 78 48, DM 0,95
1 Kopfhörer, 2 x 600 Ω, Sennheiser HD 40, Best.-Nr. 38 81 57, DM 49,–
1 Diode AA 116, Best.-Nr. 15 00 29, DM 0,45
1 Stereo-Klinkenbuchse 6,3 mm, Best.-Nr. 73 30 32, DM 1,60
1 NF-Transformator, BV. 15699/84, Radio-Taubmann, 85 Nürnberg, Vordere Sterngasse 11, Tel. 09 11/22 41 87, Best.-Nr. 69 71 76, DM 29,80

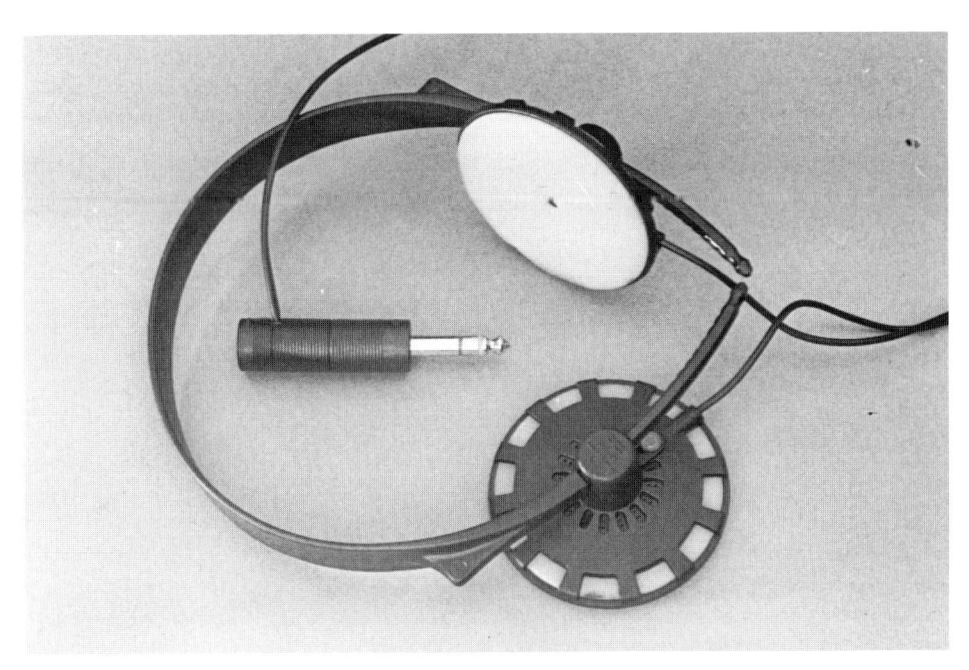

Bild 2.19: Ansicht des Kopfhörers HD 40

    1 Kipp-Ausschalter, einpolig, Best.-Nr. 70 06 14, DM 2,45
    1 Hartpapier-Drehkondensator 500 pF, Best.-Nr. 48 23 23, DM 5,40
    1 Drehknopf-Skala mit 50 Teilstrichen, Best.-Nr. 1108/46, Großmann-Elektronik,
      3252 Bad-Münder, Talstraße 7, Tel. 0 50 42/83 85, Best.-Nr. 69 71 92, DM 8,90
    2 Lötösenleisten 25-polig, Ösenabstand 8 mm, Best.-Nr. 53 24 60, DM 4,60
    1 9-Volt-Blockbatterie, Best.-Nr. 61 38 43, DM 5,95
    1 Batterieclip hierzu, Best.-Nr. 61 56 50, DM 0,35
    1 Multimeter HM 102 BZ, Best.-Nr. 12 63 90, DM 39,50
    6 Abstandsröllchen, 3 mm ∅, 5 mm lang, Best.-Nr. 52 63 55, DM 0,10
    5 Meter Steuerlitze, dünn (für Antenne), Best.-Nr. 60 58 18, 10 m-Ring, DM 0,95
    1 Rolle Kupfer-Lack-Draht 0,3 mm ∅, Best.-Nr. 60 75 84, DM 2,95
    1 Stück Tischlerplatte 220 x 200 x 16 mm (zum Zuschneiden) im örtlichen Schreinerhandel zu beziehen
    1 Stück Sperrholz 220 x 200 x 3 mm (zum Zuschneiden)
   10 Meter versilberter Schaltdraht, 0,5 mm ∅, blank, Best.-Nr. 60 74 36, DM 6,20
    1 Sortiment PVC-Isolierschlauch, verschiedenfarbig, Best.-Nr. 49 88 23, DM 2,50

Die genannten Einzelteile und Geräte können unter der angegebenen Best.-Nr. durch die Fa. Conrad-Electronic, Postfach 11 80, 8452 Hirschau, bezogen werden. Die angegebenen Preise sind ca. Preise.

Ein Verzeichnis der für eine Grundausstattung benötigten **Werkzeuge** findet sich im Anhang.

Die Verdrahtung

Die Verdrahtung erfolgt nach *Bild 3.1*. Unter die Lötösenleisten wird provisorisch ein Stück leeres Papier gelegt, am besten von der Frontplatte her. Mit kleinen Tesafilmstükken wird dieses Papier am Verrutschen gehindert.

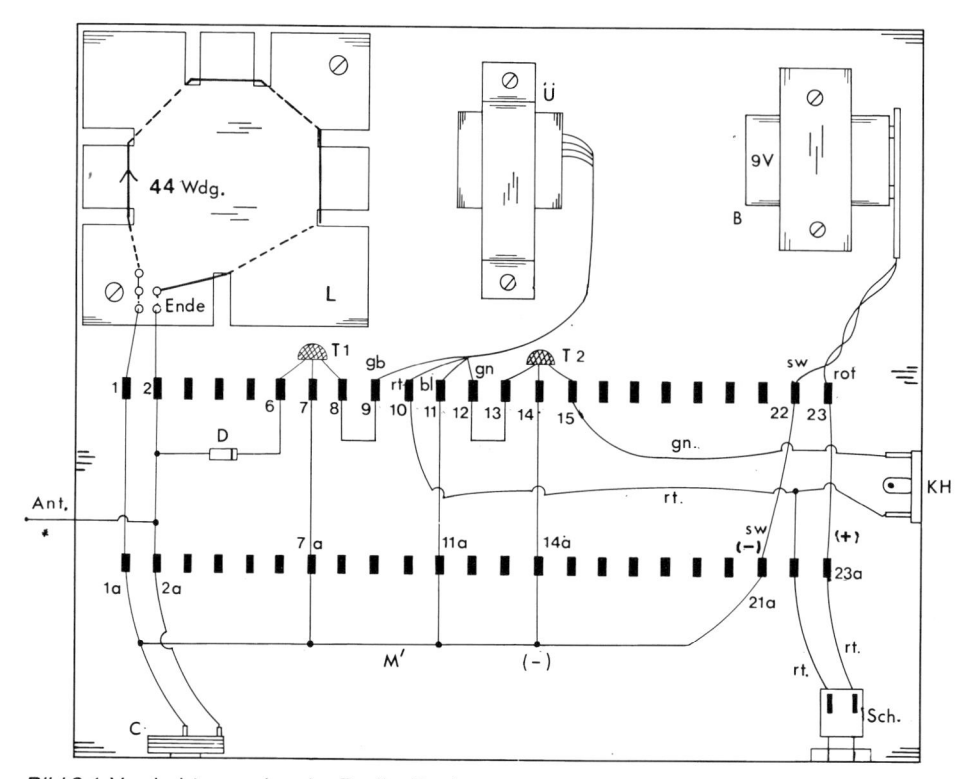

Bild 3.1: Verdrahtungsplan der Radio-Bank

Die 23 Lötösen jeder Lötösenleiste sind jeweils durchnumeriert. Hierbei sind die Zahlen der vorderen Leiste zusätzlich mit dem Buchstaben „a" versehen. Aus Gründen der besseren Übersicht sind in Bild 3.1 nur die wichtigsten Lötösen beziffert. Diese Ziffern schreibt man auf das untergeschobene Papier in die Nähe der betreffenden Lötösen.
Die Verdrahtung erfolgt mit verzinntem oder versilbertem Kupferdraht (Schaltdraht) mit einer Stärke von 0,5 mm. Dieser wird mit 0,5 mm-PVC-Isolierschlauch überzogen. Aber nicht immer. Sondern nur dort, wo eine Berührung mit anderen Leitungen oder Bauteilen möglich ist. Solchen Isolierschlauch gibt es als Sortiment verschiedener Farben und Durchmesser zu kaufen.

Zum Löten ist ein 30 Watt-Lötkolben mit gebogener Spitze erforderlich. Einzelheiten des Lötens sind im Anhang beschrieben. **Bitte unbedingt lesen!**

Die Verdrahtung wird an der linken Seite mit den blanken Verbindungen zwischen den gleichnamigen Lötösenpaaren begonnen. Also mit 1–1a, dann 2–2a, 7–7a usw. Mitunter sind die Lötösen etwas angelaufen („oxydiert"). Deswegen fettet man dieselben vor dem Löten vorsorglich mit etwas säurefreiem Lötfett ein. Hierzu hat sich ein „Wattestäbchen" (Apotheke) bewährt, welches nur leicht in das Lötfett getaucht wird.

Damit man die richtige Drahtlänge erhält, legt man das Ende des Drahtvorratsringes über die beiden Lötösen und schneidet dort mit einem Seitenschneider ab. So geht man später auch mit den längeren Verbindungen vor. Man kann auch erst das eine Ende des Drahtes anlöten und hernach erst den Draht hinter der gegenüberliegenden Lötöse abschneiden. Der Draht bleibt dabei oft nicht so liegen, wie man es zum Löten braucht. Man beschwert ihn daher mit einem passenden Gegenstand (ausprobieren!).

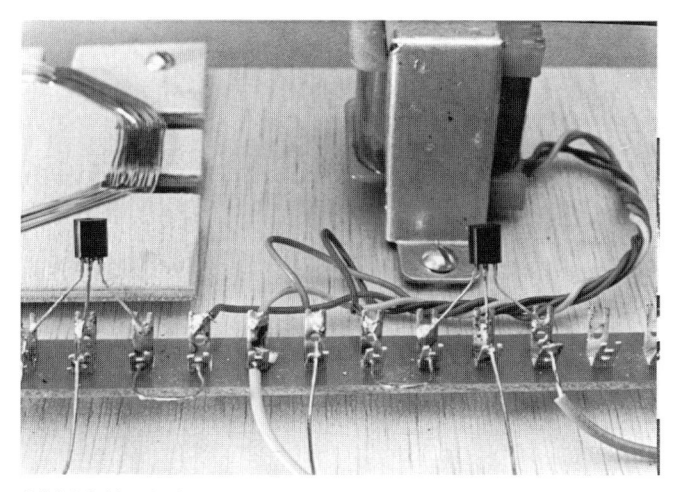

Bild 3.2: Verdrahtungsteil mit Transistoren

Bild 3.2 zeigt einen Ausschnitt der oberen Lötleiste mit den Lötösen 6 bis 15. Das Löten an den Lötösen und den übrigen Teilen sowie überhaupt das ganze Verdrahten sind unerläßliche Voraussetzungen für jede ernsthafte Beschäftigung mit der Elektronik. Eine gewisse Fertigkeit hierin kann man nur durch ständiges Üben erlangen. Man lasse sich daher keinesfalls durch anfängliche Schwierigkeiten entmutigen. Später hat man dann ein echtes Erfolgserlebnis! Und zum Trost: Auch „alte Hasen", die mal längere Zeit nicht gelötet haben, verbrennen sich noch im Eifer der Arbeit am heißen Lötkolben die Finger!
Nach Fertigstellung der „Querverbindungen" arbeitet man hinten weiter und schließt die Schwingkreisspule L, den Niederfrequenz-Transformator Ü, sowie die Batterie B an, danach die Klinkenbuchse rechts. Die beiden kleinen Bauteile T 1 und T 2 an den Lötösen 6, 7, 8 und 13, 14, 15 sind „Transistoren" und werden ebenso wie eine „Diode" D zwischen den Lötösen 2 und 6 erst später angelötet. Sie werden dann ausführlich erläutert.

Nach dem Anschluß der Klinkenbuchse entfernt man das unter die Lötösenleiste gelegte Papier und verdrahtet die lange blanke Verbindung M zwischen den Lötösen 1a und 21a. Schließlich kommen der Drehkondensator links und der Ein-Aus-Schalter rechts dran.

Erste Durchmessung der Verdrahtung

Von ganz besonderer Bedeutung bei einer ernsthaften Beschäftigung mit der Elektronik ist das Messen. Bevor die Verdrahtung weiter fertiggestellt wird, wird zunächst die bisherige Verdrahtung durchgemessen. Hierzu dient unser Multimeter, welches wir eingangs kennengelernt haben.

Wir beginnen mit der Durchgangsmessung. Wie in *Bild 3.1* zu sehen ist, sind mit der Lötöse 22 allerlei andere Lötösen und Bauteile über Drähte verbunden. Ob das auch auf der Radio-Bank der Fall ist, kann nun leicht mit dem Multimeter überprüft werden. Dieses wird auf „Ohm x 1" gestellt und die Prüfspitzen der beiden Meßleitungen werden miteinander verbunden. Der Instrumentenzeiger schlägt nun sehr weit aus, vielleicht auch bis über das Ende der Skalenbeschriftung hinaus (an einen internen Endanschlag). Bei weiterhin zusammengehaltenen Prüfspitzen wird nun das Rändelrad links neben dem Umschalter so weit verdreht, bis der Skalenzeiger genau über der Null der obersten Skalenleiter steht. Das bedeutet nun, daß das Multimeter auf „Null justiert" ist. Das heißt, das Multimeter zeigt immer dann „Null Ohm" an, wenn auch zwischen den Prüfspitzen sich kein Widerstand befindet, diese also auf irgendeine Weise durch eine Kupferbahn (z.B. Draht) miteinander verbunden sind.

Dies nutzen wir nun zur Überprüfung unserer Verdrahtung aus. Dazu wird bei herausgenommener Batterie „B" die eine Prüfspitze auf die Lötöse 22 gedrückt. Mit der anderen werden nun auf den Lötösenleisten alle diejenigen Lötösen abgetastet, welche gemäß Bild 3.1 mit der Lötöse 22 durch Draht verbunden sind. Das sind die Lötösen 1, 7, 11, 14, ferner die Lötöse 2, da diese über die Kupferwicklung der Schwingkreisspule mit Lötöse 1 verbunden ist. Ebenso die beiden (!) Lötösen des Drehkondensators links in der Frontplatte. Schlägt bei einem dieser Tests das Instrument nicht aus, so liegt ein Verdrahtungsfehler vor. Und der muß gesucht werden! Bei dieser Prüfung können wir auch unser Multimeter auf „Buzz" schalten. Dann hören wir, ob die Verdrahtung stimmt und brauchen nicht immer zum Multimeter zu schauen.

Nun messen wir die beiden Wicklungen des Niederfrequenz-Transformators durch. Die kleinere Wicklung (weniger Drahtwindungen) ist aus dem Wickelkörper dieses Transformators mit gelber und roter Litze herausgeführt, die größere mit blauer und grüner Litze. Die beiden Wicklungen bestehen aus sehr dünnem Draht (ca. Dicke eines Haares). Sie haben daher einen ziemlich hohen Widerstand. Testen wir nun die kleinere Wicklung durch Antasten der Lötösen 9 und 10 mit den Prüfspitzen, so schlägt der Instrumentenzeiger nur bis zum Wert „1 K" der obersten Skalenleiter aus. Das ist schlecht ablesbar! Deswegen drehen wir den Umschalter unseres Multimeters um eine Raststufe nach oben auf „x 10". Damit ist im Multimeter ein empfindlicherer Meßbereich eingeschaltet. Werden nun wieder die Lötösen 9 und 10 abgetastet, so schlägt der Instrumentenzeiger auf etwa „90" aus. Dies müssen wir gemäß der Stellung des Umschalters noch mit 10 multiplizieren und erhalten einen echten Meßwert von 900 Ω.

Tasten wir nun die Lötösen 11 und 12 ab, so schlägt der Zeiger auf ungefähr wieder „1 K" aus. Das ist ungünstig! Wir machen daher das Multimeter noch empfindlicher, indem wir seinen Umschalter auf „x 1 K" stellen. Werden nun die Lötösen 11 und 12 abgetastet, so schlägt der Zeiger auf etwa 7 aus. Dieser Wert muß noch gemäß Umschalterstellung mit 1000 multipliziert werden. (1 K = 1 Kilo = 1000) und es ergibt sich ein echter Meßwert von 7000 Ω.

Diese Werte sind zwar echt, aber noch nicht genau. Denn nach jedem Weiterschalten des Umschalters im Ohm-Meßbereich müßte das Multimeter erneut auf Null justiert werden, genau so wie vor der ersten Messung. Tut man dies und tastet dann die Lötösen 9 und 10 bzw. 11 und 12 ab, so erhält man die genauen Werte von 950 bzw. 9000 Ω. Das alles klingt etwas umständlich, ist es aber nicht! Das merkt man, wenn man diese Messungen mehrmals nacheinander wiederholt.

Nun wollen wir noch überprüfen, ob die Spannung der Batterie von 9 Volt auch dort „anliegt", wo sie sein soll. Der Minuspol der Batterie liegt gemäß Bild 3.1 an der Leitung M und verschiedenen anderen Punkten. Das hatten wir zuerst überprüft. Die Leitung M dient mithin zum Anschluß der schwarzen Prüfleitung. Das Multimeter ist dann auf „DC-10" zu schalten. Sodann ist die Batterie einzubauen. Mit der roten Prüfspitze tastet man nun die rechte Lötöse des Ein-Aus-Schalters ab. Das Instrument muß nun auf „9" der untersten DC-Skalenleiter ausschlagen oder ein wenig weiter. Nach Betätigen des Ein-Aus-Schalters (Knebel nach oben) müssen auch an den Lötösen 10, 9 und 8 die genannten 9 Volt „anstehen". Steckt man nun den Klinkenstecker in die Klinkenbuchse, so müssen auch an der Lötöse 15 die genannten 9 Volt „anliegen". Wenn nicht, muß die Verdrahtung nachgeprüft werden! Auch diese Messungen sollten mehrmals, am besten mit zeitlichem Abstand, wiederholt werden, um noch besser mit der elektrischen Meßtechnik vertraut zu werden!

Die Diode D

Von besonderer Bedeutung für das spätere Funktionieren unseres Gerätchens sind die Diode D zwischen den Lötösen 2 und 6 (Bild 3.1), sowie die Transistoren T 1 und T 2. Zunächst wollen wir die Diode D kennenlernen. Hierzu dient uns wieder das Multimeter.

Bild 3.3: Ansicht der Diode AA 116

Eine „Diode", *Bild 3.3*, ist ein zweipoliges elektronisches Bauelement, welches den Strom nur in einer Richtung leitet, je nachdem, wie man Plus und Minus eines Meßgerätes oder dergleichen an die beiden Anschlüsse anlegt. Wir verwenden hier den Typ AA 116. Der erste Buchstabe „A" besagt, daß der funktionswesentliche Bestandteil dieser Diode der Stoff Germanium ist. Das zweite „A" besagt, daß es sich bei diesem Bauteil eben um eine „Diode" handelt. Es gibt nämlich auch ganz ähnlich aussehende Bauteile, die keine Dioden sind. Es gibt auch Dioden BA . . . Bei diesen ist der wesentliche Bestandteil Silizium. Eine solche Diode ist heute sehr klein, nämlich ca. 7 mm lang bei 2,5 mm Durchmesser.

Nun prüfen wir unsere Diode durch. Die schwarze Meßleitung unseres Multimeters kommt jetzt in die rechte untere Buchse, denn dort steht „–" dran, denn die Farbe schwarz wird in der Elektronik zumeist für Minus verwendet. Entsprechend kommt die rote Meßleitung in die linke untere Buchse. Das Zeichen „Ω" stammt aus der griechischen Schrift und ist das weltweit verwendete Kurzsymbol für das Wort „Ohm". Derartige Kurzsymbole gibt es in der Elektronik noch viele.

Wir schalten nun das Multimeter auf „Ohm x 1". Danach müssen wir das Multimeter auf Null, wie weiter vorn schon ausführlich beschrieben, justieren. Die Diode legen wir nun auf eine nichtmetallische Unterlage, tasten die beiden Anschlüsse mit den Prüfspitzen ab und vertauschen dann dieselben. Dabei ergibt sich: In dem einen Fall schlägt der Zeiger auf ungefähr 50 ... 80 aus, im anderen Fall überhaupt nicht!
Die Diode leitet den Strom also tatsächlich nur in einer Richtung! Nämlich immer dann, wenn die schwarze Prüfspitze (= Minus) an dem Anschlußdraht ist, wo sich auf dem Glaskörper der schwarze Ring befindet. Das ist bei allen Dioden gleich und das muß man sich gut merken.

Bei der Überprüfung der Diode stellt man fest, daß dies mit den Prüfspitzen der Meßleitungen etwas schwierig ist, wenn man niemanden hat, der das kleine Ding mal kurz festhält. Aber da gibt es einen heißen Tip. Wir besorgen uns einen „Schnellverbindungs-Kroko-Set 1" (Conrad). Das ist ein Satz von 10 farbigen (je 2 schwarz, rot, grün, gelb, weiß) isolierten Litzen mit je 2 isolierten farbigen Krokodilklemmen an den Enden. *Bild 3.4* zeigt solche „Strippen". Dazu besorgt man sich ein paar 4 mm-Bananenstecker, *Bild 3.5*. Von zweien entfernt man dann die Isolierhülsen und steckt dann die eigentlichen Stecker in die Buchsen des Multimeters. An diese kann man dann die Krokodilklemmen der Schnellverbindungsleitungen anklemmen.

Bild 3.4: Verbindungsleitungen mit isolierten Krokodilklemmen

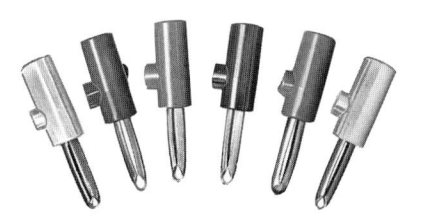

Bild 3.5: Verschiedene Bananenstecker

Die Transistoren T 1 und T 2

Transistoren sind das Herz eines jeden Radiogerätes. Früher waren dies die Radioröhren. Wir verwenden für T 1 und T 2 die Typen „BF 245 A". *Bild 3.6* zeigt einen solchen Transistor. Wie ersichtlich, ist ein Transistor außerordentlich klein. Er hat immer mindestens drei Anschlüsse („Beine"). Der Anfangsbuchstabe „B" besagt, daß dieser Transistor im Wesentlichen aus Silizium besteht. Der Buchstabe „F" weist auf einen bevorzugten Verwendungszweck hin. „245" ist eine Seriennummer. Der Buchstabe hinter den Zahlen

GATE — DRAIN
      — SOURCE

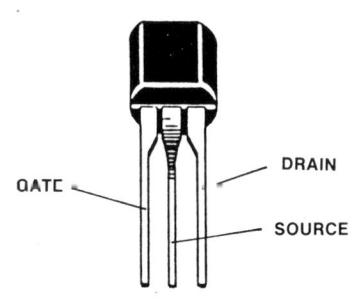

Bild 3.6: Ansicht eines Transistors BF 245 A

fehlt oft; er weist auf bestimmte elektrische Werte hin. So gibt es auch Typen BF 245 B und BF 245 C. Wir kommen auf diese später zurück. Die drei Anschlüsse dieses Transistors heißen „Gate" (sprich: „Gäte"); „Source" (sprich: „Surs") und „Drain" (sprich: „Drän"). Diese Bezeichnungen stammen, wie die meisten Bezeichnungen in der Elektronik, aus dem Englischen, bzw. Amerikanischen; in den USA sind 1949 die Transistoren erfunden worden.

Transistoren haben in der Elektronik die Hauptaufgabe, schwache Steuersignale zu verstärken und an einer (Ausgangs-) Last verstärkt zur Weiterverarbeitung zur Verfügung zu stellen.

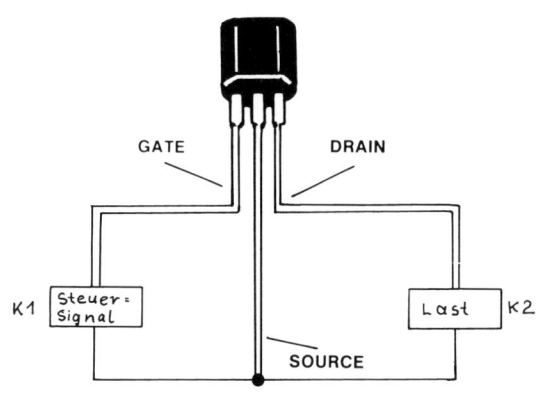

Bild 3.7: Der Transistor aus Bild 3.6 mit Steuer- und Lastkreis

Bild 3.7 zeigt dies in einem Wirklinienbild. Für das Signal im Eingangs- oder Steuerkreis und für dasjenige im Ausgangs- oder Lastkreis sind Kästchen K_1 und K_2 gezeichnet. Derartige Kästchen werden in der Elektronik sehr oft verwendet, immer dann, wenn es darum geht, funktionale Verbindungen oder Wirkverbindungen zu kennzeichnen, ohne daß es dabei auf Einzelheiten ankommt.

Von Wichtigkeit ist, daß Steuersignal-Kreis und Last-Kreis einen Anschluß des Transistors gemeinsam haben, nämlich den Source-Anschluß! Dies ist bei allen Verwendungen eines Transistors so! Das Vertrautsein mit dieser Tatsache ist unabdingbare Voraussetzung für das Verstehen elektronischer Schaltungsanordnungen!

Fertigstellung der Verdrahtung ... Simplex 1

Hierzu müssen wir noch die Diode D und die Transistoren T 1 und T 2, gemäß Verdrahtungsplan Bild 3.1, einlöten. Bei der Diode ist dies unproblematisch. Wie die Transistoren eingelötet werden, geht aus Bild 3.2 hervor. Der Gateanschluß, kurz das Gate, von T 1 liegt an Lötöse 6, die Source an Lötöse 7, der Drain an Lötöse 8. Dementsprechend liegt das Gate von T 2 an Lötöse 13 auf.

Das Einlöten der Transistoren soll möglichst schnell gehen, da die Transistoren sehr wärmeempfindlich sind. Daher werden zweckmäßig die Lötösen 6, 7, 8 und 13, 14, 15 zunächst verzinnt. Dasselbe geschieht mit den Transistor-Anschlußdrähten. Hierzu werden Letztere mit den Enden kurz in Lötfett getaucht, dann wird an die heiße Lötkolbenspitze etwas Lötzinn gebracht und schließlich die Lötkolbenspitze an die Anschlußdrähte der Transistoren gebracht. Nach dem Verzinnen müssen die noch heißen Transistor-Anschlußdrähte mit einem Papiertaschentuch abgewischt werden, um Reste des doch etwas aggressiven Lötfetts zu entfernen.

Zum Einlöten biegt man die Transistor-Anschlußdrähte mit einer Spitzzange zuerst so, daß sie gemäß Bild 3.2 über den Lötösen liegen, wenn man sie daran hält. Dann wird jeweils zuerst der mittlere Anschlußdraht, die Source angelötet, dann Gate und Source. Dabei hält man die Transistoren mit einer Pinzette fest.

Schließlich wird noch die Antenne an die Lötöse 2 a angelötet oder der Verbindungsdraht von Lötöse 2 nach 2 a. Die Antenne besteht aus weiter nichts, als einem Stück dünner isolierter Litze, 1,30 bis 1,50 m lang. Solche Litze ist als „Steuerleitung" im Handel. Nun soll unser Gerätchen auch einen Namen erhalten: Simplex-1 (weil es so schön einfach, also simpel ist.

Inbetriebnahme

Hierzu ist nicht mehr viel erforderlich. Die Antenne ist längs auf den Tisch zu legen, auf dem die Radio-Bank steht. Der Kopfhörer HD 40 ist in die Klinkenbuchse zu stecken und es ist zu überprüfen, ob auch die Batterie vorhanden und angeschlossen ist.
Nun brauchen wir nur noch den Kopfhörer aufzusetzen und den Empfänger einzuschalten (Knebel nach oben). Wenn wir nun den Drehknopf des Drehkondensators langsam (!) verdrehen, so müssen wir wenigstens einen Sender im Kopfhörer deutlich hören! Die Empfindlichkeit dieses einfachen (einfacher geht's nimmer) Empfängers ist so groß, daß in der Bundesrepublik Deutschland immer ein oder zwei Sender (Mittelwelle) gut zu hören sind. An den Grenzen der Republik sind dies oft die Sender des Nachbarlandes, das spielt für unsere Studienzwecke keine Rolle. Es können aber auch Sender der befreundeten Streitkräfte im Land sein.

Bild 4.1 zeigt eine Tabelle der bundesdeutschen und von der Post betriebenen oder beaufsichtigten Sender. Eine „Generalkarte" für Autofahrer ist zum Auffinden von Sendern sehr hilfreich. Die Sender sind dort durch ein bestimmtes Zeichensymbol eingezeichnet. Mancher Leser wird sich erinnern, gehört zu haben, daß zum Radioempfang auch eine „Erde" notwendig ist. Die ist hier auch vorhanden und zwar in Form der Kopfhörerschnur! Es kommt hier nicht auf die Erde als solche an, sondern darauf, daß für die Antenne ein elektronisches Gegengewicht vorhanden ist und dazu dient die Kopfhörerschnur. Militärfunker lernen z. B., daß außer für die Antenne eben auch für ein „Gegengewicht" zu sorgen ist.

Wollen wir die Lautstärke noch erhöhen, so können wir dies leicht durch ein besseres Gegengewicht. Dazu kann die Wasserleitung dienen, die Zentralheizung oder auch der Schutzleiter des Stromnetzes in unserer Wohnung. Letzterer ist an die beiden seitlichen „Krallen" in unseren Wohnungs-Steckdosen (nicht an die Kontakte in den Steckdosen-Löchern!) angeschlossen und steht irgendwo im Haus mit der echten Erde in Verbindung. Alle diese Gegengewichte werden an die Lötösen 1 oder 1 a angelötet. Die anderen Enden kann man bei Wasserleitung oder Zentralheizung mit einer Schlauchklemme (Eisenwarengeschäft) an ein metallisches Rohrstück anklemmen; die Schutzleiterkrallen der Steckdosen lassen sich am einfachsten mit einer Krokodilklemme erfassen. Man kann auch einen einfachen Schutzkontaktstecker (sog. „Schukostecker") nehmen, die beiden Steckerstifte entfernen und die Gegengewichtsleitung an die übrigbleibende Schutzkontakt-Anschlußschraube anschließen. Das ist die eleganteste Lösung. Übrigens sind die Sender nur bei Tageslicht einigermaßen klar zu empfangen. Bei Dunkelheit steigt die Reichweite der Sender so erheblich an, daß sie unser einfacher Empfänger nicht mehr trennen kann. Das soll uns hier nicht stören, Maßnahmen zur Verbesserung folgen später.

Ton-Rundfunksender
der Bundesrepublik Deutschland.
( ) = Leistung in kW

153 kHz	Donebach (50)
182 kHz	Saarlouis (2000)
207 kHz	München-Erching (500)
549 kHz	Bayreuth-Thurnau (200), Nordkirchen (100)
567 kHz	Berlin-West
576 kHz	Stuttgart-Mühlacker (300)
594 kHz	Frankfurt/Main (400), Hoher Meissner (100)
630 kHz	Dannenberg (80)
648 kHz	Hof/Saale (40)
702 kHz	Aachen-Stolberg (5), Flensburg (5), Herford (2), Kleve (3), Siegen (2)
711 kHz	Bopfingen (0,2), Heidelberg-Dossenheim (5), Heilbronn (5), Ulm-Jungingen (5), Wertheim (0,2)
720 kHz	Holzkirchen (120), Langenberg (200)
756 kHz	Braunschweig (800), Ravensburg (100)
774 kHz	Bonn (5)
801 kHz	Dillberg (50), München-Ismaning (450)
828 kHz	Freiburg (40), Hannover (100), Kiel (0,5)

855 kHz	Berlin-West (100)
873 kHz	Frankfurt/Main-AFN (150)
936 kHz	Bremen (100), Bremerhaven (5)
972 kHz	Hamburg (300)
990 kHz	Berlin-West (300), Hof/Saale (40)
1017 kHz	Wolfsheim (600)
1107 kHz	**AFNs:** Berlin-West (10), Grafenwöhr (10), Kaiserslautern (10), München-Ismaning (40), Nürnberg (10)
1143 kHz	**AFNs:** Bad-Hersfeld (0,3), Bad-Kissingen (0,3), Bamberg (0,3), Bitburg (0,3), Bremerhaven (5), Fulda (0,3), Gießen (0,3), Göppingen (0,3), Heidelberg (1), Hof/Saale (1), Schweinfurt (0,3), Stuttgart-Hirschlanden (10), Wertheim (0,3), Wildflecken (0,3), Würzburg (0,3)
1197 kHz	München-Ismaning (300)
1269 kHz	Neumünster (600)
1413 kHz	Bad-Mergentheim (3), Buchen-Walldürn (0,2), Heidenheim (0,2)
1422 kHz	Saarbrücken (1200)
1449 kHz	Berlin-West (5)
1485 kHz	Adelsheim (0,2), **AFNs:** Ansbach (0,3), Augsburg (1), Baden-Baden (1), Berchtesgaden-AFN (0,3), Crailsheim-AFN (0,3), Garmisch-Partenkirchen-AFN (0,3), Hohenfels-AFN (0,3), Münster-Stadt (0,8), Regensburg-AFN (0,3).
1539 kHz	Mainflingen (700)
1593 kHz	Langenberg (800)

Messungen am Empfänger im Betrieb

Bevor wir nun die eigentliche Arbeitsweise des Empfängers kennenlernen, wollen wir zunächst das Gerät im eingeschalteten Zustand, also „unter Spannung", durchmessen, natürlich wieder mit unserem Multimeter. Da keine Spannung im Empfänger höher sein kann als 9 V (d.h. der Batterie), schalten wir das Multimeter auf „DC-10". Zwischen der Leitung M und dem Drain von T 1 müssen nun ca. 4...6 Volt zu messen sein, zwischen Masse und dem Drain von T 2 ebenfalls. Die volle Batteriespannung liegt deswegen an den Drains nicht mehr an, weil die Drains der Transistoren einen kleinen Strom ziehen, welcher an der zwischen rot und gelb liegenden Wicklung des Niederfrequenz-Transformators (bei T 1) oder an der Wicklung im Kopfhörer einen Spannungsabfall von 3...4 Volt hervorrufen. Um diesen Spannungsabfall ist dann die gemessene Spannung niedriger. Und sie muß es sein! Ist sie es nicht, d.h. ist die Spannung 9 Volt (die volle Batteriespannung), so liegt ein Fehler vor, der gesucht werden muß. Jedenfalls kann man mit der Messung der Spannung ein nicht funktionierendes elektronisches Gerät schon ganz schön überprüfen. Das ist das tägliche Los von Fernseh- und Radiomechanikern. Bei Messen der vollen Betriebsspannung an den Drains ist zunächst der betreffende Transistor auszulöten und gegen einen anderen (neuen) auszuwechseln. Alles andere hatten wir ja schon früher überprüft, es kann eigentlich nur noch an den Transistoren liegen, wenn eine Drainspannung zu hoch ist. Dann zieht der Transistor keinen Strom und ist defekt (und kann nicht repariert werden).

Die Ein- und Ausgangskreise der Transistoren

Nun wollen wir die Arbeitsweise unseres Empfängers kennenlernen. Wir betrachten dazu sowohl Bild 3.7 und 3.1. Aus Bild 3.7 wissen wir, daß ein Transistor bei seiner Anwendung stets einen Steuersignalkreis (K 1) und einen Lastkreis (K 2) aufweist und daß diesen beiden Kreisen die Source-Elektrode gemeinsam ist. Diese Kreise sind auch in unserem Empfänger vorhanden! Wir versuchen nun, in Bild 3.1, diese Kreise an den Transistoren T 1 und T 2 zu finden. Dabei gehen wir von den betreffenden Anschlüssen der Transistoren aus. Es ergeben sich folgende Kreise.

1.) Der Steuersignalkreis von T 1 verläuft vom Gate (Lötöse 6) über die Diode D, sodann über die Spule L (Lötösen 2, 1), danach über die Leitung zwischen den Lötösen 1 und 1 a zur Leitung M, von da über die Leitung 7 a, 7 zum Sourceanschluß des Transistors T 1 (Lötöse 7) und wird dann von der im (!) Transistor vorhandenen Elektrodenstrecke geschlossen! Diesen Verlauf sollte man öfters verfolgen; denn das ist die Grundlage für das Verständnis anderer elektronischer Zusammenhänge.
2.) Der Lastkreis von T 1 verläuft vom Drain (Lötöse 8) über die eine Wicklung (gb., rt.) zur linken Lötöse des Schalters S, dann von dessen rechter Lötöse über die Lötösen 23 a, 23 zur Batterie, von deren Minusanschluß (Lötöse 22) zur gemeinsamen Leitung M und von da schließlich zum Sourceanschluß (7), von wo dann der Lastkreis durch die Elektrodenstrecke Source-Drain im Transistor geschlossen wird.
3.) Der Steuersignalkreis des Transistors T 2 besteht lediglich aus der zweiten Wicklung (bl., gn. bzw. Lötösen 11, 12) und der Elektrodenstrecke Source-Gate im Transistor.
4.) Der Lastkreis von T 2 besteht aus dem Kopfhörer (Klinkenbuchse), dem Schalter S, der Batterie B und der Elektrodenstrecke Source-Drain im Transistor T 2. Auch diese drei Kreise sollten wir uns gut einprägen.

Von der Ansicht zur Schaltung

Bei der Verfolgung der Bauteile, welche die Steuersignalkreise und Lastkreise der Transistoren bilden, müssen wir in Bild 3.1 über verschiedene Lötösen und Leitungsstücke gehen, welche die Bauteile miteinander verbinden. Es ist klar, daß z.B. die Lötösen nur eine reine Stützpunktfunktion haben und daß die Lötösen und die Drahtverbindungen auch ganz anders aussehen könnten, ohne daß an der Zusammenschaltung der Bauteile und damit an der Gesamtfunktion sich etwas ändern würde! Auch könnten die Bauteile selbst bei gleicher Funktion äußerlich ganz anders aussehen, wie wir von den Drehkondensatoren aus den Bildern 2.8 und 2.9 wissen. Die Abbildung der Lötösen sowie Spule L, des Niederfrequenz-Transformators Ü, und sonstiger Bauteile erschwert daher die Verfolgung der Zusammenhänge, wenn es nur auf das reine Zusammenarbeiten der Bauteile ankommt. Man hat daher schon sehr bald für die einzelnen Bauteile Kurzsymbole geschaffen, welche international gleich sind. Diese erleichtern das Verständnis auch komplizierter Zusammenhänge ungemein. Eine Darstellung elektronischer Zusammenhänge mit solchen Kurzsymbolen nennt man eine „Schaltung" und eine solche Schaltung wird vom Interessenten „gelesen".

Unser Empfänger als Schaltung

Die Teile auf unserer Radio-Bank als Schaltung dargestellt, zeigt *Bild 5.1*. So wie diese Schaltung aussieht, sehen alle Schaltungen in der Elektronik aus!
Nachfolgend wollen wir die Arbeitsweise unseres Empfängers anhand seiner Schaltung kennenlernen.

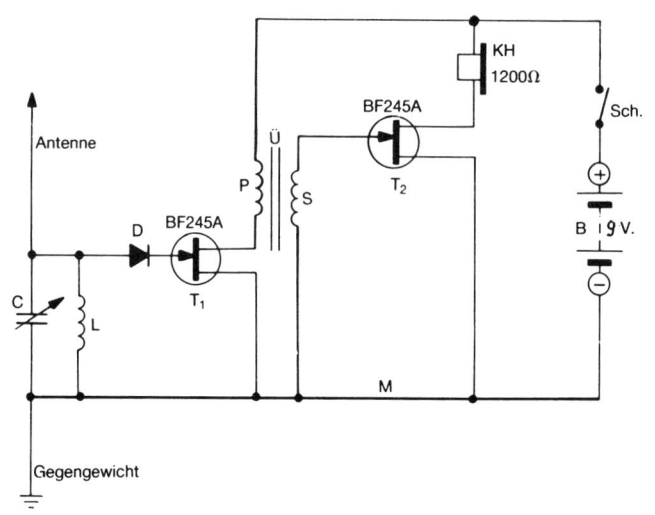

Bild 5.1: Die Schaltung unseres Empfängers Simplex-1

Eine solche Schaltung wird immer von links nach rechts „gelesen", so wie man auch schreibt. Bei Bild 5.1 sieht man schon auf den ersten Blick, wie einfach und übersichtlich alles ist, dank der verwendeten Schaltzeichen. *Bild 5.2* zeigt eine Gegenüberstellung der Bauteile von der Radio-Bank mit den entsprechenden Schaltzeichen und ihrer Benennung. Von entscheidender Bedeutung ist, daß sich der Interessent die Ansichten der Bauteile und ihrer Schaltzeichen durch häufigen Vergleich fest einprägt. Es kommen später noch mehr hinzu und diese „Kurzschrift der Elektronik" ist der Schlüssel zu Ihrem Verständnis.

Am Eingang (engl. „front end") der Schaltung in Bild 5.1 sehen wir den Drehkondensator C und die Spule L. Beide sind einander parallel geschaltet. Sie bilden zusammen den Schwingkreis des Empfängers. An ihn ist oben die Antenne, unten das Gegengewicht angeschlossen (falls wir ein solches verwenden). Die Antenne fängt alle möglichen Radiowellen ein und führt sie an den genannten Schwingkreis aus L und C zu. Radiowellen sind, anders ausgedrückt, nichts anderes als elektromagnetische Energiepakete. Diese breiten sich, von einem Sender ausgehend, mit Lichtgeschwindigkeit (300 000 kM pro Sekunde) aus. Auch im Weltraum, sonst wären Weltraumflüge nicht möglich. Diese Energiepakete können voneinander größeren oder kleineren zeitlichen Abstand haben. Man kann sie nicht sehen oder fühlen, jedoch mit einer Antenne empfangen. Pro Sekunde kommen von den vielen Sendern natürlich unterschiedliche Zahlen von Energiepaketen an. Die Anzahl dieser Energiepakete pro Sekunde nennt man „Frequenz". So haben die Sender des sog. Mittelwellenbereiches (für den unser Gerät empfangsbereit ist) Frequenzen von 520 000 bis 1 600 000 „Hertz". Hierbei bezeichnet 1 Hertz 1 Energiepaket pro Sekunde. Unsere Mittelwellensender haben also bereits recht hohe Frequenzen.

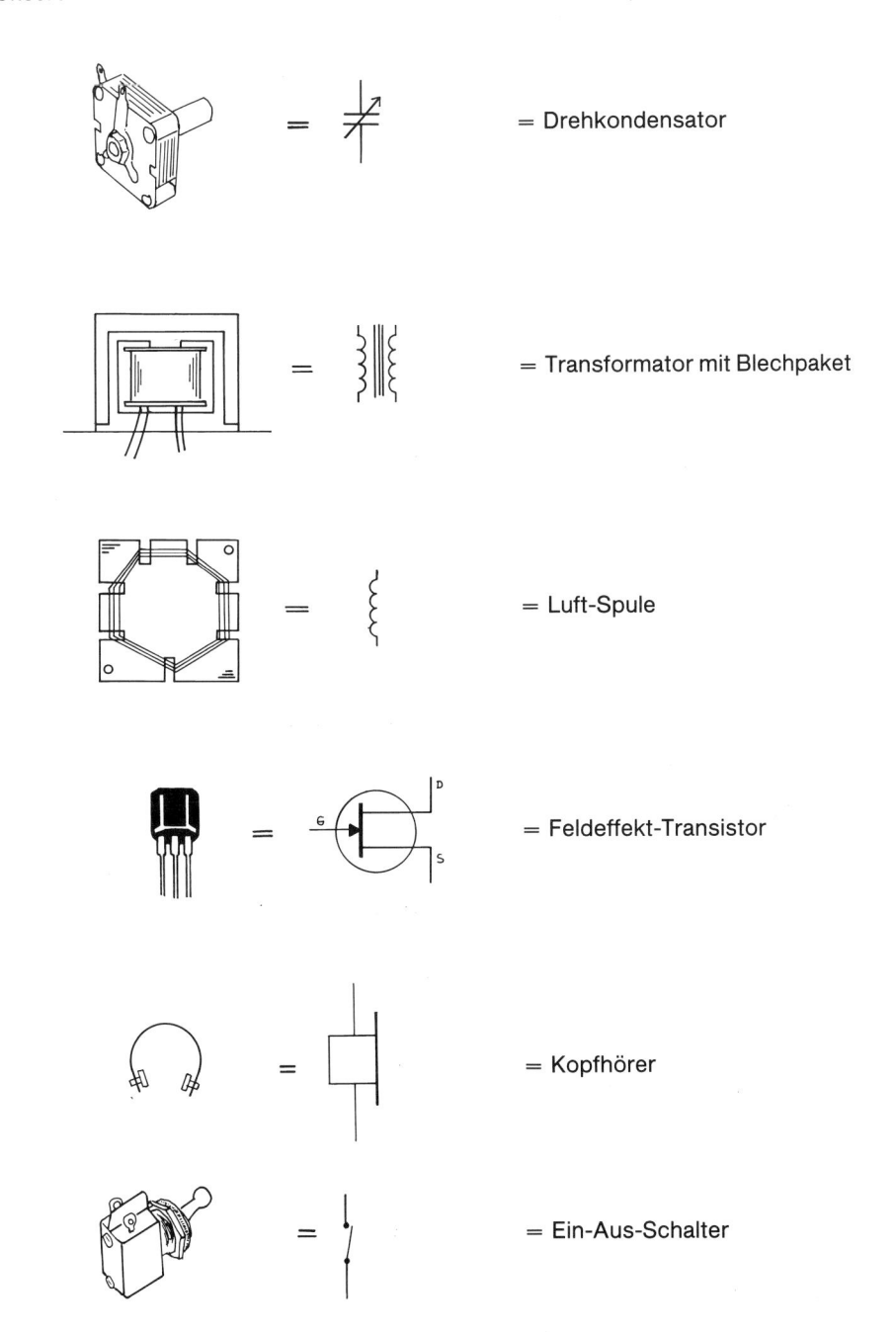

= Drehkondensator

= Transformator mit Blechpaket

= Luft-Spule

= Feldeffekt-Transistor

= Kopfhörer

= Ein-Aus-Schalter

29

= Diode

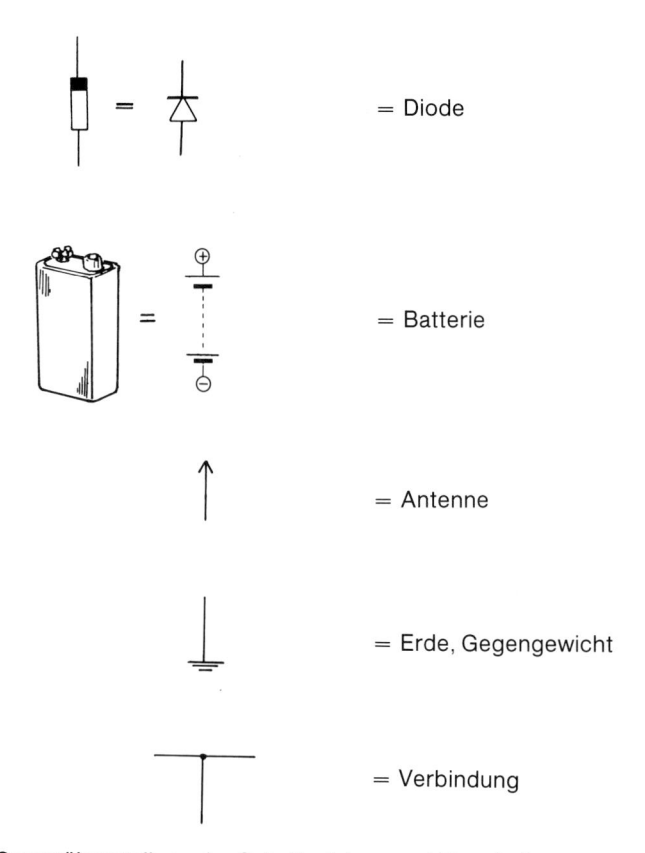

= Batterie

= Antenne

= Erde, Gegengewicht

= Verbindung

Bild 5.2: Gegenüberstellung der Schaltzeichen und Einzelteile

Unser Schwingkreis CL hat nun die schöne Eigenschaft, aus dem Frequenzgemisch, welches die Antenne anliefert, eine ganz bestimmte Frequenz herauszusieben. Nämlich diejenige, auf welche er „abgestimmt" ist. Dies hängt wiederum von den elektrischen Werten von C (der „Kapazität") und L (der „Induktivität") ab. Auf Einzelheiten wollen wir hier nicht weiter eingehen.

Die aufeinanderfolgend von der Antenne empfangenen Energiepakete haben abwechselnde Polarität gegen den Erdboden. Daher liefert die Antenne auch abwechselnde Polaritäten an den Schwingkreis LC. Die Antennenspannung ist mithin eine Wechselspannung! Daher gibt der Schwingkreis LC bei der Frequenz, auf die er abgestimmt ist, eine Wechselspannung an die Diode D ab.

Nun haben die vom Sender ausgesendeten Energiepakete nicht nur abwechselnde Polarität, sondern auch unterschiedlichen Energieinhalt. Dieser hängt von der momentanen Stärke desjenigen Programmes ab, welches der betreffende Sender ausstrahlt. Die Energiepakete sind in ihrer „Amplitude moduliert", kurz gesagt „amplitudenmoduliert". Demgemäß ist auch die vom Schwingkreis LC abgegebene Wechselspannung amplitudenmoduliert.

Da unser Ohr bestenfalls noch Schwingungen von ca. 15 000 Hertz verarbeiten kann, keinesfalls aber die 520 000 Hertz eines Mittelwellensenders, ist die Modulation nicht hörbar, selbst wenn man die vom Schwingkreis LC abgegebene Spannung hoch verstärken würde! Diese Spannung, die auch kurz als „Hochfrequenz" bezeichnet wird, muß vielmehr erst „demoduliert" werden. Das erledigt die Diode D. Wie wir aus einer früheren Messung wissen, leitet die Diode D den Strom nur in einer bestimmten Richtung, in der anderen Richtung sperrt sie ihn. Die am Schwingkreis LC stehende Hochfrequenzspannung kann also einen Strom von nur einer Richtung in die Elektrodenstrecke Gate-Source von T 1 treiben. Das heißt, nur jeder zweite Spannungsimpuls dieser Hochfrequenzspannung kann das Gate erreichen! Darauf kommen wir später nochmals zurück.

Es wird vielmehr nun Zeit, den Transistor T 1 näher zu erläutern. Zwischen dem Source- und dem Drain-Anschluß dieses Transistors besteht ein leitendes Band von einigen hundert Ohm. Aber nur dann, wenn zwischen Source und Drain eine „Drain-Spannung" von einigen Volt angelegt ist, daher hier die 9 V-Batterie B. Dieser Innenwiderstand des Transistors bewirkt bei dem von uns verwendeten Transistortyp einen Stromfluß von ca. 3 bis 6 Milli-Ampere. Man sagt in der Praxis, „der Transistor zieht einen Drain-Strom von ca. 3 bis 6 Milli-Ampere". „Ampere" ist die Maßeinheit für den Strom. Im Haushalt und der Industrie wird mit Ampere gerechnet; in der Elektronik mit kleineren Werten, nämlich mit den genannten Milli-Amperen. 1 Milli-Ampere ist 1 tausendstel Ampere, denn „Milli" ist die internationale Abkürzung für 1 Tausendstel.

Von ausschlaggebender Bedeutung für das Entstehen der Elektronik überhaupt ist nun die Eigenschaft von Transistoren, daß sich ihr Innenwiderstand und damit ihr Drainstrom leicht verändern, also „steuern" läßt. Dies geschieht über ihre Elektrodenstrecke „Gate-Source".

Zum leichteren Verstehen dieses außerordentlich wichtigen Vorganges dient uns *Bild 5.3*. Dieses zeigt ein plastisches Sinnbild dafür. Das leitende Band zwischen dem Source- und Drain-Anschluß des Transistors ist mit dem Rechteck R symbolisiert. Dieses Rechteck ist das allgemeine Schaltzeichen für Widerstände schlechthin. Dieser Widerstand liegt nun „in Serie" mit einem Strommesser M an den Spannungs-Zuführungs-Anschlüssen +V und −V. Auf dem Widerstand R ist nun ein Abgriff („Schleifer") S verschiebbar angeordnet, welcher durch das Männlein nach oben oder unten verschoben werden kann. Dabei wird der Widerstand R mehr oder weniger durch die Leitung L kurz geschlossen.

Dazu gleich eine Anmerkung: Man frage hier nicht nach der Höhe der an die Klemmen +V und −V angelegten Spannung oder dem Wert des Widerstandes R. Das ist hier uninteressant, wie es auch uninteressant wäre, welche Haarfarbe etwa das Männlein haben könnte. Hier kommt es nur auf die allgemeinen „Tatsachen an sich" an, nämlich daß ein veränderbarer Widerstand R über das Instrument M an einer Gleichspannung +V, –V liegt. Das nennt man eine „abstrakte Betrachtungsweise", welche durch Weglassung von Unwesentlichem das Denken erheblich erleichtert.

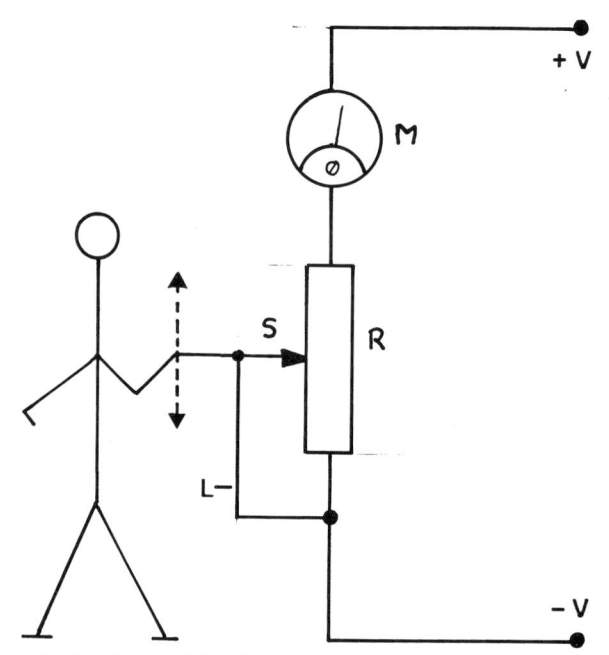

Bild 5.3: Sinnbild für die Steuerung eines Transistors

Verschiebt nun das Männlein den Schleifer S nach oben, so wird der Widerstand R kleiner, denn von der Leitung L wird ein größerer Teil des Widerstandes R überbrückt. Dadurch steigt der Strom und das Meßinstrument M schlägt weiter aus. Und umgekehrt: Schleifer nach unten → R wird größer → Strom wird kleiner. Das ist eine ganz wichtige Gesetzmäßigkeit, das Grundgesetz aller Elektrik und Elektronik, das „Ohmsche Gesetz"! Das schreibt sich dann so: I = U:R. Man setze zum Training für (die Spannung) U den Zahlenwert 10, für R den Zahlenwert 5 ein, rechne aus und ändere die Zahlenwerte ein wenig ab, dann wird einem das plastisch klar. Ein Taschenrechner kann dabei helfen.

Zurück zu Bild 5.1. Der vom Transistor T 1 gezogene Drain-Gleichstrom fließt nun durch die linke Wicklung des Niederfrequenz-Transformators Ü, den Schalter S zur Batterie B und von dort aus über die Leitung M zur Source-Elektrode des Transistors T 1. Über dessen Elektrodenstrecke Source-Drain ist dann der Ausgangskreis von T geschlossen. Man vergleiche hier Bild 3.7 und zugehörigen Text.

Es ist nun eine kennzeichnende Eigenschaft von Transformatoren aller Art, Gleichstrom nicht (!) auf die andere Wicklung zu übertragen. Wohl aber einen Wechselstrom oder auch Impulse, kurz alle Änderungen, welche einem Gleichstrom überlagert sind! Hiervon macht unsere Schaltung Gebrauch.

Wie an früherer Stelle zur Diode D beschrieben (zurückblättern), leitet die Diode D nur Spannungsimpulse einer bestimmten Richtung an das Gate von T 1 weiter. Diese Impulse steuern nun (anstelle des Männleins in Bild 5.3) den Widerstand der Strecke Source-Drain von T 1. Dadurch wird dessen Drain-Gleichstrom zusätzlich in Takte dieser an das Gate von T 1 ankommenden Impulse verändert. Diese Veränderungen kann nun der Niederfrequenz-Transformator Ü von der linken auf die rechte Wicklung übertragen! Letztere steuert auf die ganz gleiche Weise den Transistor T 2, welcher dann den Kopfhörer KH speist.

Weil nun die Diode D, wie gesagt, nur Spannungsimpulse einer Richtung zum Gate von T 1 durchläßt und weil diese Impulse infolge der Amplitudenmodulation (bitte zurückblättern!) mit Musik oder Sprache unterschiedliche Stärke haben, werden auch die dem Drain-Gleichstrom von T 1 überlagerten Impulse einer Richtung („gleichgerichtete Impulse") langsam stärker und schwächer (im Takt der aufmodulierten Musik oder Sprache). Diese Änderung (!) kann nun der Kopfhörer KH hörbar machen. Auf diese Weise hat die Diode D die hochfrequenten Schwingungen des Schwingkreises LC in hörbare Signale (sog. „Niederfrequenz") umgesetzt, „demoduliert", und diese Signale wurden im Transistor T 1 verstärkt, dann im Niederfrequenz-Transformator Ü angehoben (dank dessen Übersetzungsverhältnis 1 : 8), im Transistor T 2 nochmals verstärkt und dann durch den Kopfhörer (als elektro-akustischen Wandler) unseren Ohren zugeführt! Das ist, ganz kurz gesagt, die Arbeitsweise unseres kleinen Radios!

Die Lautstärke wird einstellbar gemacht

Wenn der empfangene Sender nicht weit entfernt ist, kann der Klang im Kopfhörer zwar sehr laut sein, aber verzerrt klingen. Und zwar umso mehr, je „schärfer" der Drehkondensator C auf diesen Sender abgestimmt wird. Das liegt daran, daß jetzt der Transistor T 2 „übersteuert" wird. Seine Elektrodenstrecke Gate-Source kann nur Tonfrequenzspannungen verarbeiten, welche eine bestimmte Höhe nicht übersteigen. Das kann aber der Fall sein, wenn der Sender nicht weit weg ist und/oder sehr stark ist. Diese Übersteuerung kann nicht mehr auftreten, wenn die Lautstärke einstellbar gemacht wird.

Die Wahl der Lötösen für die Realisierung der bisherigen Schaltung war nun schon so erfolgt, daß neben den Transistoren einige Lötösen frei geblieben sind. Diese können nun für weitere Bauteile verwendet werden, ohne daß die Transistoren jedesmal mit ausgewechselt werden müssen. Zunächst werden wir aber die notwendigen Änderungen anhand eines Schaltbildes kennenlernen. Die zusätzlichen Teile hierzu sollte man (schon aus Trainingsgründen) beim Elektronik-Einzelhandel oder Elektronik-Versandhandel beziehen. Adressen im Anhang.

Bild 5.4 zeigt einen Ausschnitt aus Bild 5.1 mit der für die Lautstärke-Einstellung notwendigen Ergänzung. Die Sekundärseite des Niederfrequenz-Transformators Ü liegt mit ihrem oberen Anschluß nicht mehr direkt am Gate von T 2, sondern an den Enden eines einstellbaren Widerstandes, eines sog. „Potentiometers" PL. Einen solchen Widerstand haben wir im Prinzip schon bei Bild 5.3 kennengelernt. Der Schleifer dieses Potentiometers liegt seinerseits am Gate von T 2. Weil am oberen Ende von PL die volle Tonfrequenzspannung liegt, können mit dem Schleifer unterschiedlich hohe Tonfrequenzspannungen abgegriffen und dem Gate von T 2 zugeführt werden. Steht der Schleifer ganz oben, so erhält das Gate von T 2 die volle Tonfrequenzspannung. Steht er ganz unten, so erhält das Gate die Tonfrequenzspannung Null.

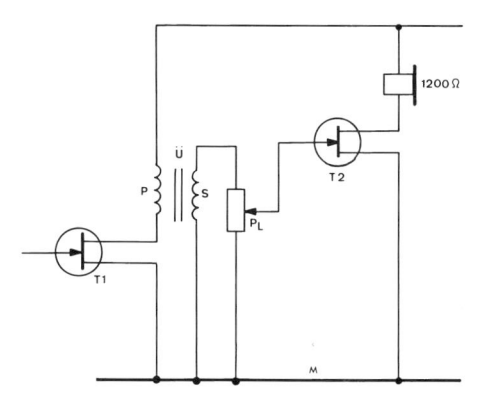

Bild 5.4: Schaltbild-Ausschnitt mit Lautstärkesteller PL

Wichtig ist nun, daß dieses Potentiometer PL eine „logarithmische Kennlinie" hat. Das besagt, daß die untere Hälfte dieses Potentiometers, wenn sein Schleifer in der Mitte steht, einen kleineren Widerstand hat als die obere Hälfte. In der Praxis ist dies fließend dergestalt, daß bei der Bewegung des Schleifers von unten beginnend, zuerst eine vergleichsweise kleine Tonfrequenzspannung abgegriffen wird. Bei weiterer Bewegung nach oben, wird diese Tonfrequenzspannung immer schneller größer („progressiv"). Das ist deswegen erforderlich, weil unser Ohr auch eine „progressive", eine ebenfalls „logarithmische" Empfindlichkeits-Kennlinie hat. Deswegen erscheint (!) uns dann die Lautstärke-Zu- oder Abnahme beim Bewegen des Schleifers von PL gehörmäßig gleichmäßig. Aus diesem Grunde haben die Lautstärke-Einsteller aller (!) Geräte, welche einen Kopfhörer oder Lautsprecher aufweisen, z.B. von Walkmen, Kofferradios und dergleichen, ebenfalls eine logarithmische Kennlinie!

Unser Potentiometer PL hat einen recht hohen Gesamtwiderstand von 220 kΩ; es können aber auch 100 kΩ oder 470 kΩ sein, das ist hier nicht sehr kritisch. Die etwas „krummen" Werte 220 kΩ und 470 kΩ bedeuten übrigens nicht, daß es hier auf besondere Genauigkeit ankommt; sie sind vielmehr lediglich Stufen einer gescheiten, internationalen Abstufungsreihe (siehe Anhang).

Bild 5.5 zeigt ein solches Potentiometer.

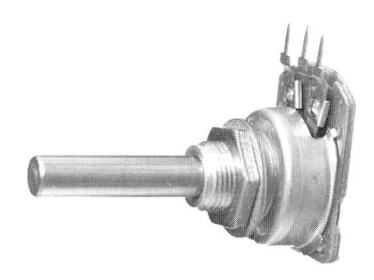

Bild 5.5: Ansicht eines Potentiometers

Zum Einbau des Potentiometers muß in der Frontplatte zusätzlich ein 10 mm-Loch angebracht werden. *Bild 5.6* zeigt die dazu benötigen Maße von vorn gesehen (vergl. hierzu auch Bild 2.4). Dabei ist noch eine weitere Bohrung (10 mm) mit angegeben, welche später gebraucht wird und die man aus Einfachheitsgründen gleich mit anbringt. Für das Potentiometer PL ist die rechte 10 mm-Bohrung vorgesehen.

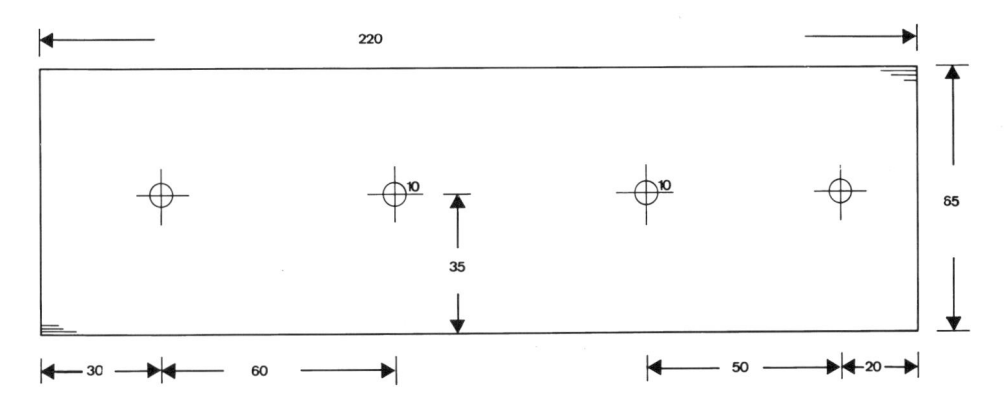

Bild 5.6: Die Frontplatte aus Bild 2.4 mit zusätzlichen Bohrungen für PL und einen weiteren Einsteller.

Bild 5.7 zeigt die Verdrahtung des Lautstärke-Einstellers PL auf der Radio-Bank. Hierbei ist wieder nur ein Ausschnitt gezeichnet, welcher das Wesentliche bringt. Beeinflußt werden nur die Lötösen 12, 13 sowie 12 a, 13 a. Man präge sich die Beschaltung der 3 Lötösen des Lautstärke-Einstellers PL gut ein. Sie bleibt für alle diejenigen Fälle gleich, in denen bei Rechtsdrehung (d.h. im Uhrzeigersinn, engl. „clockwise") der Poti-Achse die vom Schleifer abgegriffene Spannung zunehmen soll.

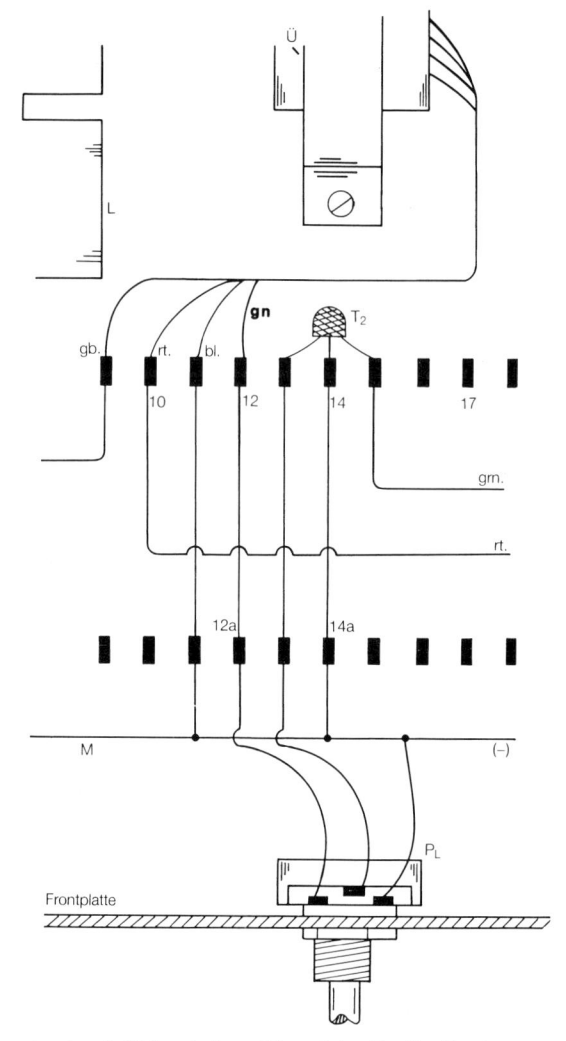

Bild 5.7: Verdrahtung des Lautstärkestellers PL auf der Radio-Bank

Experimentier-Ausflug zum Sender

Nun ist unser kleines Radio so weit, daß wir ein paar kleine Experimente über Wellenausbreitung machen können, welche sehr informativ sind. Aus der Sendertabelle, Bilder 4.1 und 4.2 ist ersichtlich, daß es nicht weit zum Standort des nächsten Senders ist. Hier ist eine Autofahrer-„Generalkarte" 1:200 000 sehr zweckmäßig. Zudem hat wohl jeder im Bekannten- oder Verwandtenkreis jemanden, der ein Fahrzeug besitzt – oder hat selbst eines. Oft genügt dabei schon ein Fahrrad.

Zunächst wird die kleine Drahtantenne von der Lötöse 2 a abgelötet und an eine kleine, isolierte Krokodilklemme angelötet, so daß man das Radio mit oder ohne diese Antenne betreiben kann. Dann kann's losgehen.

Wir suchen uns einen freien Platz (auf einer Wiese, Feldweg oder dergleichen), von dem wir den Sender in ca. 1 bis 2 km Entfernung sehen können. Sodann wird der Empfänger ohne (!) Antenne in Betrieb genommen. Wir stellen dabei sofort fest, daß wir die abgelötete Antenne in Sendernähe gar nicht brauchen!? Das stimmt nun nicht ganz. Denn die Spule L unseres Radios arbeitet bereits als Antenne. In etwas größerer Ausführung wurden derartige Antennen in den 20er Jahren viel verwendet und als „Rahmenantenne" bezeichnet. Sie waren und sind immun gegen eine Reihe bestimmter Empfangsstörungen.

Wir drehen nun den Lautstärke-Einsteller soweit zurück, daß der Empfang laut, aber unverzerrt ist. Halten wir nun das Gerät zwischen uns und den Sender, so daß die Spule L quer zur Blickrichtung steht, so ist der Empfang deutlich leiser als wenn die Spule längs unseres Blickes zum Sender orientiert ist. Derartige Rahmenantennen haben also eine „Richtwirkung"! Einen weiteren deutlichen Lautstärkeunterschied stellen wir fest, wenn wir den Empfänger in unterschiedlicher Höhe betreiben. So ist die Lautstärke klein, wenn der Empfänger in Kniehöhe gehalten wird, aber wesentlich größer, wenn man ihn hoch über den Kopf hält! Das Gleiche gilt übrigens auch für Sendeantennen. Deswegen werden Sendeantennen gern auf Anhöhen und/oder hohen Masten errichtet.

Diese Versuche mit Richtwirkung und Antennenhöhe sollten wir mehrmals wiederholen. Sodann können wir Empfangsversuche (wieder ohne die Drahtantenne!) in verschiedener Entfernung vom Sender unternehmen. Und dabei diejenige Entfernung ermitteln, wo die Sendeenergie, nämlich die „Feldstärke", so gering geworden ist, daß wir den Sender in günstigster Empfangsrichtung und voll aufgedrehten Lautstärke-Einsteller gerade noch hören können. Das hängt natürlich auch von dessen Leistung ab, es gibt Sender mit 0,3 Kilowatt (kW), aber auch solche mit 500 kW!

Die Trennschärfe wird erhöht

Wenn wir unseren Empfänger bei Dunkelheit betreiben, so werden wir ein ziemliches Durcheinander der Sender feststellen. Nur ein schon am Tage sehr stark einfallender Sender wird auch bei Dunkelheit einigermaßen sauber hereinkommen. Das Durcheinander bei Dunkelheit hat zwei Gründe. Zum einen haben alle Sender bei Dunkelheit eine wesentlich größere Reichweite (warum, soll uns hier nicht weiter interessieren), zum anderen ist ein einziger Schwingkreis aus L und C doch etwas zu schwach für eine hinreichende Trennschärfe - wenn keine besonderen Maßnahmen getroffen werden! Und eine solche Maßnahme ist gar nicht kompliziert, sie bringt darüber hinaus eine weitere, erhebliche Steigerung der Lautstärke. Diese Maßnahme heißt „Rückkopplung". Sie war in der Anfangszeit des Rundfunks die einzige Möglichkeit, um Trennschärfe und Empfindlichkeit eines Empfängers zu erhöhen und damit einigen Fernempfang zu ermöglichen.

Bild 5.8 zeigt die linke Hälfte unserer Schaltung mit mechanisch einstellbarer, induktiver Rückkopplung. Hierbei wird in Serie mit der Primärwicklung P des Übertragers Ü eine kleine Spule LR geschaltet. Diese hat gegenüber der Schwingkreisspule L wesentlich weniger Windungen, aber die gleichen äußeren Abmessungen.

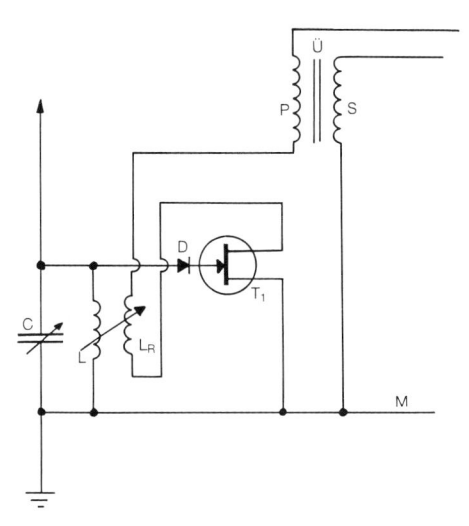

Bild 5.8: Schaltbild-Ausschnitt mit mechanisch einstellbarer Rückkopplung

Jede derartige Spule hat nun ein äußeres elektromagnetisches Feld; die Hochfrequenz bleibt also „nicht drinnen". Andererseits wissen wir, daß dem Drain-Gleichstrom von T 1 zusätzlich Impulse einer bestimmten Richtung aufgeladen sind, welche von der Steuerkreis-Diode D herrühren. Diese Impulse sind aber gegenüber den Wechselspannungsimpulsen am Schwingkreis LC durch den Transistor T 1 verstärkt.

Der Rückkopplungseffekt beruht nun darauf, daß von der Spule LR auf die Spule L die genannten Drainstrom-Impulse so übertragen werden, daß sie dort immer dann eintreffen, wenn die Schwingkreis-Wechselspannung momentan auch gerade die gleiche Polarität hat. Dadurch wird die Schwingkreisspannung von jedem dieser Drainstrom-Impulse gleichsinnig angestoßen. Ganz auf die gleiche Weise, wie das Pendel einer Pendeluhr, welches vom Federwerk auch bei jeder Schwingung einen kleinen Impuls erhält, damit die Uhr nicht stehen bleibt. Ist bei der Pendeluhr das Pendel das frequenzbestimmende Glied (von meistens 1 Hz), so ist es bei uns der Schwingkreis CL. Denn in diesem fließt tatsächlich elektrische Energie zwischen dem Kondensator C und der Spule L hin und her; sie „schwingt" also auch echt hin und her. Ist bei der Uhr das Pendel mit seiner Länge das „frequenzbestimmende Glied", so sind es beim Schwingkreis die elektrischen Werte von C und L. Macht man nun C veränderbar (Drehkondensator!), so kann man die Frequenz des Schwingkreises ändern und diesen somit „abstimmen" auf eine bestimmte, gewünschte Frequenz.

Das Maß der Rückkopplung von LR auf L hängt nun vom Abstand beider Spulen zueinander ab. In der Anfangszeit des Rundfunks hatte man sehr intelligente, mechanische Getriebe ersonnen, z.B. Zahnradgetriebe, mit denen man die Abstandsänderungen sehr feinfühlig bewerkstelligen konnte. Das wollen wir aber nicht nachvollziehen, da man das alles eleganter auf elektronische Weise bewirken kann.

Bild 5.9 zeigt einen Schaltbildausschnitt mit einem Rückkopplungs-Drehkondensator CR. Dieser ist genau so beschaffen, wie der Schwingkreis-Drehko C, kommt aber mit weniger Platten aus. Hierbei wird nun von zwei Eigenschaften von Kondensatoren Gebrauch gemacht. Einmal davon, daß sie keinen Gleichstrom übertragen können, wohl aber Wechselströme (auch Impulse), und daß sie diesen Wechselströmen einen gewissen „Wechselstrom-Widerstand" entgegensetzen, je nach der Kapazität des Kondensators. In Bild 5.9 hat der Rückkopplungskondensator CR anfangs etwa 20 pF, ganz eingedreht etwa 200 pF. Man kann mithin durch CR einen kleineren oder größeren Teil der Drainstrom-Impulse auf den Schwingkreis rückkoppeln. Dabei ist die Rückkopplungsspule LR unveränderbar und fest gekoppelt mit der Schwingkreisspule L. Damit die Rückkopplung, wie gefordert, im richtigen Moment, man sagt „gleichphasig", zu der Schwingkreis-Wechselspannung erfolgt, muß die Spule LR zur Spule L einen bestimmten Wickelsinn haben. Am einfachsten merkt man sich das so: L und LR sind fortlaufend im gleichen Sinn gewickelt und die Masseleitung M ist einfach an eine Anzapfung dieser Spule gelegt! Das muß man sich stets vor Augen halten, wenn auch bei späteren eigenen Entwicklungen unsere Spulen äußerlich anders aussehen mögen.

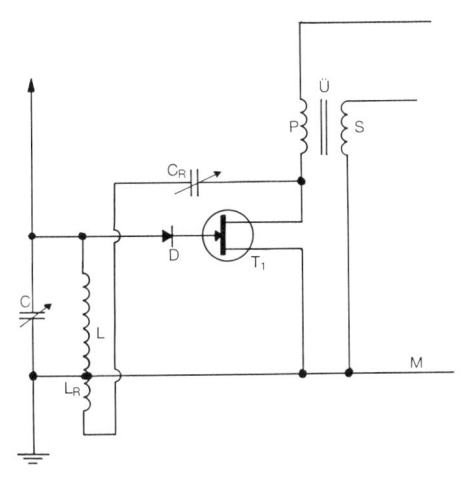

Bild 5.9: Schaltbildausschnitt mit Drehkondensator für die Rückkopplung

Die Schaltung nach Bild 5.9 wurde vor dem Krieg sehr verbreitet verwendet, z.B. auch in den sogenannten „Volksempfängern". Die Dreh-Kondensatoren CR hatten dabei einen annähernd logarithmischen Plattenschnitt, damit die Einstellung sehr feinfühlig erfolgen konnte. Da solche Drehkos heute nicht mehr im Handel sind, muß man sich etwas anderes einfallen lassen. Dabei bietet sich, ähnlich wie bei der Lautstärke-Einstellung, auch hier die Verwendung eines Potentiometers an.

Bild 5.10 zeigt unsere Eingangsschaltung mit einem Potentiometer als Einstellglied. Diese Schaltung wollen wir dann auch auf der Radio-Bank realisieren.

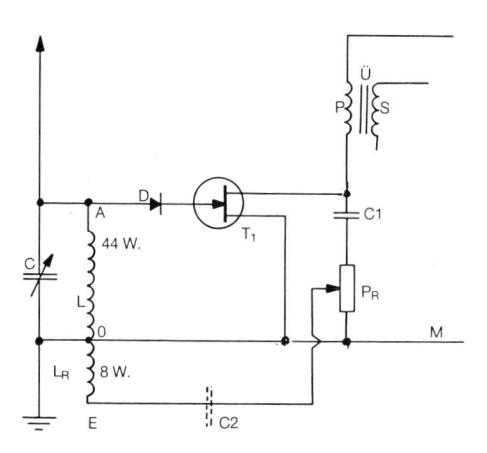

Bild 5.10: Schaltbildausschnitt mit Potentiometer für die Rückkopplung

Ebenso wie in Bild 5.9 wird aus dem Drainkreis von T 1 über einen Kondensator ein Teil der Drainstrom-Impulse ausgekoppelt, dann aber einem Potentiometer PR zugeführt. Der Kondensator ist hier ein Festkondensator C 1 mit einer Kapazität von 100 pF (Picofarad). Das Potentiometer PR hat einen Wert von 2,2 oder 4,7 kΩ logarithmisch. Hier kommt eine weitere Eigenschaft von Kondensatoren zur Wirkung. Deren Wechselstrom-Widerstand ist nicht nur vom Kapazitätswert abhängig, sondern auch von der Frequenz. Bei niedriger Frequenz hat ein Kondensator einen höheren Wechselstrom-Widerstand als bei hoher Frequenz! Mit einem Kondensator passenden Wertes kann man daher von zwei gleichzeitig vorhandenen Wechselspannungen diejenige auskoppeln, welche die höhere Frequenz hat. Das geschieht hier.

Im Drainkreis von T 1 ist dem Drainstrom, wir wissen das schon, eine Impulsfolge einer Richtung aufgeladen. Diese Impulsfolge hat die Frequenz der Hochfrequenzschwingung am Schwingkreis LC. Die einzelnen Impulse selbst haben, wie früher schon gesagt, im Takte der Modulation sich ändernde Stärken, genauer gesagt „Impulshöhen". Diese Höhenmodulation, die „Umhüllende" der Impulse, ist unsere Tonfrequenz. Im Drainstrom von T 1 sind also nicht weniger als drei verschiedene Arten von Strom enthalten: Der Drain-Gleichstrom, die Hochfrequenz und schließlich die Tonfrequenz! Und daraus holt sich der Kondensator C 1 die Hochfrequenz heraus. Das ist doch nicht wenig für einen einzelnen Kondensator?

Ein Zahlenbeispiel mag das verdeutlichen:
Für eine Hochfrequenz von 1000 kHz (Mittelwelle) hat C 1 einen Wechselstromwiderstand von rund 1 kΩ (auch Wechselstrom-Widerstände gibt man in Ohm an); für eine Tonfrequenz von 1000 Hz aber einen von rund 100 kΩ! Der Kondensator C 1 führt somit dem

Rückkopplungspoti PR tatsächlich nur die Hochfrequenzimpulse aus dem Drainstrom zu, läßt aber die Tonfrequenz nicht zum Poti; die Tonfrequenz soll ja ungeschwächt ihren weiteren Weg über den NF-Trafo Ü zum Transistor T 2 nehmen. Je nach Stellung des Schleifers von PR kann man also mehr oder weniger Drainstromimpulse an die Rückkopplungsspule „rückführen" (der gestrichelt eingezeichnete Kondensator C 2 wird später erläutert). Bevor wir aber auf die Einstellungs-Feinheiten der Rückkopplung eingehen, wollen wir die Realisierung von Bild 5.10 auf unserer Radio-Bank ansehen.

Bild 5.11 zeigt die Verdrahtung der Rückkopplung auf der Radio-Bank. Auch hier können wir ein paar freie Lötösen verwenden. C 1 wird zusätzlich an Lötöse 8 angelötet und andererseits an Lötöse 8 a. Von dort geht's an die linke Lötöse von PR. Das ist das „heiße Ende" dieses Potis. Sein „kaltes Ende", seine rechte Lötöse, liegt an der Masse-Leitung M. **Merke:** Das „heiße Ende" ist immer das, wo die volle Spannung (z.B. Tonfrequenz, Hochfrequenz oder dergleichen) anliegt; das „kalte Ende" liegt immer an Masse oder wenigstens einem massenahen Punkt der Schaltung. Wir verwenden für C 1 am besten einen Styroflexkondensator, einen sogenannten Wickelkondensator.

Die Wicklung der Spule L wird einfach verlängert. Dazu werden zuerst die Wicklungsenden von den Lötösen 1 und 2 abgelötet. Hernach wird der Anfang von zusätzlichen Draht 0,3 CuL mit dem Ende der letzten Windung der Spule verdrillt und zusätzliche 8 Windungen in der bisherigen Weise aufgewickelt. In Bild 5.11 sind Anfang und Ende der Wicklung mit A und E bezeichnet; die Anzapfung (Verdrillung) mit 0. Die Anzapfung 0 kommt jetzt an Masse (Lötöse 1), das Ende E an Lötöse 2 und der Anfang A, der jetzt das heiße Ende der Spule ist, an Lötöse 3. Zwischen 2 und 2 a sowie 3 und 3 a sind wieder Querverbindungen aus blankem Draht. Alles weitere ist aus Bild 5.11 ersichtlich. Zum Schluß sollten wir den neuen Zustand mit dem Buzz unseres Multimeters überprüfen, der z.B. zwischen der Masseleitung M und beiden Anschlüssen des Abstimmkondensators C oder zwischen M und dem Schleifer von PR ertönen muß.

Vor dem Einschalten ist das Rückkopplungspoti PR fast ganz aufzudrehen. Wenn wir nun den Abstimmdrehko C langsam durchdrehen, so müssen wir eine Art Zwitschern hören. Dann muß PR sofort so weit nach links drehen, bis es verschwindet. Nach Verschwinden des Zwitscherns haben wir denjenigen Punkt, an dem unser Gerätchen am trennschärfsten und empfindlichsten ist. Man muß sich daher sorgfältig an diesen Punkt herantasten. Dabei wird die Abstimmung immer ein wenig mit verstellt, so daß man dann den Abstimmungsdrehko C etwas nachstellen muß. Ganz besonders bei schwach einfallenden Sendern.

Man wird überrascht sein von der Steigerung der Lautstärke und Trennschärfe durch diese Rückkopplung! Man hatte daher früher sehr große Anstrengungen unternommen, um den Schwingungseinsatz, d.h. die Stelle vor dem Zwitschern, möglichst „weich" und verstimmungsfrei zu gestalten. Wir sollten nun ruhig bei Tag und Nacht mit dem Gerätchen spielen, um so ein Gefühl für die unverfälschten Empfangsverhältnisse zu erhalten. Hierbei treffen wir auf folgende lehrreiche Erscheinung: Drehen wir das Rückkopplungspoti PR ganz bis zum linken Anschlag, so wird die Trennschärfe und die Empfindlichkeit plötzlich ganz schlecht! Warum? Das sagt uns Bild 5.10. Dann liegt der Schleifer von PR direkt „an Masse" und die Rückkopplungsspule LR wird kurzgeschlossen. Das überträgt sich auf die Schwingkreisspule L und „bedämpft" diese ganz erheblich. Um dies zu vermeiden, fügt man nun den gestrichelten C 2 ein mit 330 pF. Er wird einfach anstelle der Draht-Querverbindung eingelötet zwischen den Lötösen 2 und 2 a.

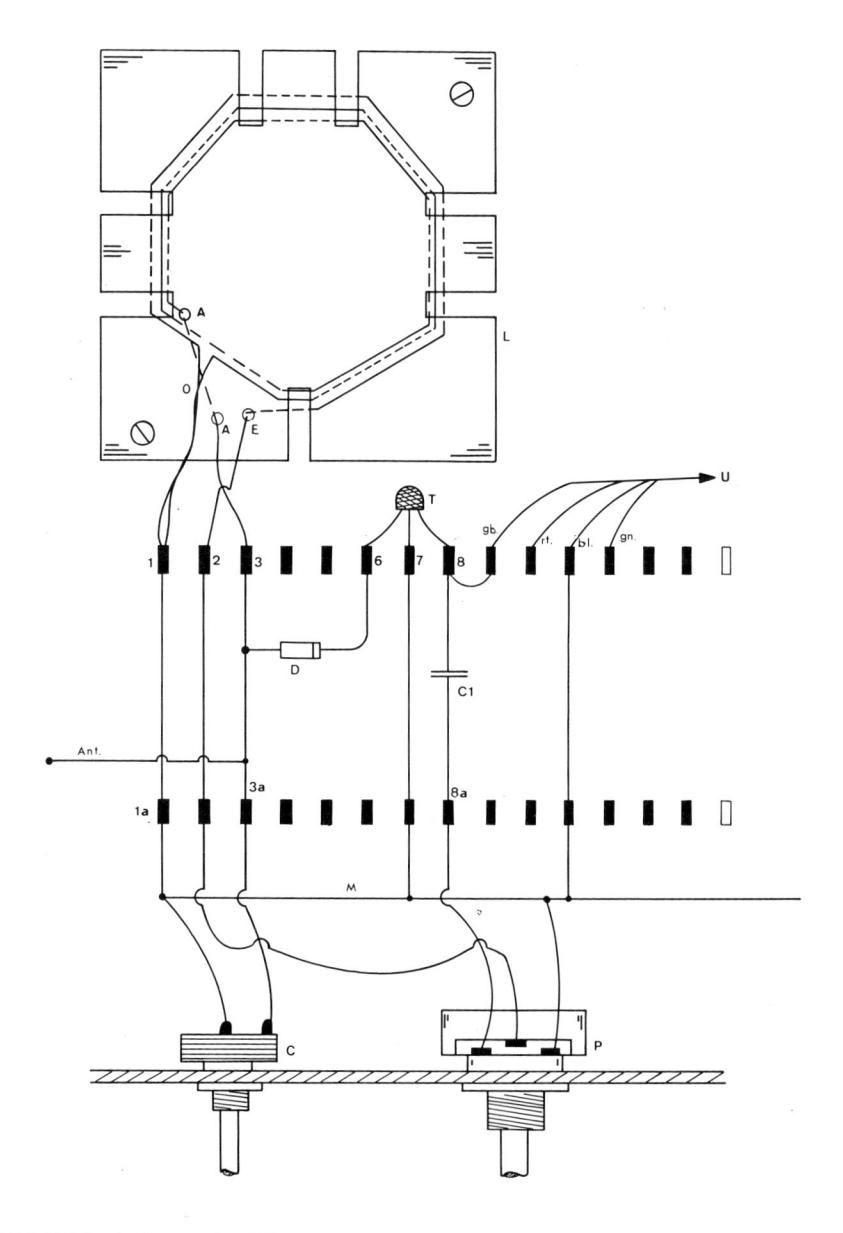

Bild 5.11: Verdrahtung der Rückkopplung nach Bild 5.10 auf der Radio-Bank

Eine Verstärkerstufe wird angehängt... Simplex 1-extra

Wer zu Hause eingehend mit dem Gerät experimentiert, kann folgendes feststellen: Beim Sendersuchen mit angezogener Rückkopplung, d.h. kurz vor dem Schwingungseinsatz, kann man eine ganze Menge Sender „hereinkitzeln"; mitunter auch ohne angeschlossene Antenne. Sobald aber die Rückkopplung verringert wird, ist es aus. Man würde nun gern diese Sender etwas lauter empfangen – kein Problem. Eine zusätzliche Verstärkerstufe mit einem weiteren Transistor BF 245 A bringt die Lösung.

Anstelle eines weiteren NF-Trafos zum Anschluß der dritten an die zweite Verstärkerstufe wollen wir eine neue Kopplungsart kennenlernen, die sog. „RC-Kopplung". RC-Kopplung deswegen, weil sie sich nur aus Widerständen („R") und einem Kondensator („C") zusammensetzt. *Bild 5.12* zeigt im Prinzip die zweite und dritte Verstärkerstufe mit RC-Kopplung. Diese arbeitet so: Wir wissen schon, daß ein Kondensator keinen Gleichstrom durchläßt, wohl aber Impulse und dergleichen. Weiter wissen wir, daß dem Drain-Gleichstrom eines FETs die Tonfrequenzimpulse überlagert sind. Lassen wir nun diesen Drainstrom durch einen einfachen Widerstand R 1 fließen, so entsteht an diesem gemäß dem ohmschen Gesetz ein Spannungsabfall. Dieser setzt sich zusammen aus einem durch den Drain-Gleichstrom hervorgerufenen „Gleichspannungsanteil" und einem durch die Tonfrequenzimpulse hervorgerufenen „Wechselspannungsanteil". Mit dem Kondensator C 3 können wir nun – im Prinzip genau so wie bei der Rückkopplung mit C 1 – den Wechselspannungsanteil an eine folgende Verstärkerstufe (oder sonst wo hin) übertragen, nicht aber den Gleichspannungsanteil! Nur haben wir im Unterschied zu einem NF-Trafo nicht die Möglichkeit, die Ton-Wechselspannung nach höheren Werten hin zu übersetzen, also „hinauf zu transformieren". Dafür sind aber zwei Widerstände und ein Kondensator viel billiger als ein NF-Trafo.

In Bild 5.12 ist noch der Widerstand R 2 vom Gate von T 3 nach Masse eingezeichnet. Er könnte hier fortgelassen werden. Aber man läßt grundsätzlich nicht gern eine Steuerelektrode, hier eben das Gate, „in der Luft hängen". Und bei manchen anderen Schaltungen ist er absolut notwendig; daher sehen wir ihn auch hier gleich mit vor.

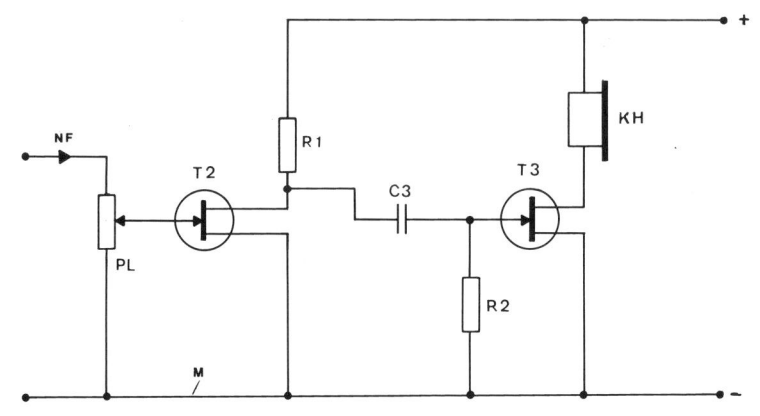

Bild 5.12: Die dritte Verstärkerstufe mit T 3. Dieser ist mit T 2 verbunden über eine RC-Kopplung

Das Anfügen einer weiteren Verstärkerstufe erbringt eine recht hohe Gesamtverstärkung vom Gate von T 1 bis zum Drain von T 3. Um nun das Gerät stabil zu halten, sind einige zusätzliche Maßnahmen erforderlich. Diese lassen sich nur schlecht in einzelnen Teilschaltbildern darstellen; das würde zu unübersichtlich. Außerdem ist es an der Zeit, uns daran zu gewöhnen, nun auch ein Gesamtschaltbild zu lesen und uns gedanklich die einzelnen wesentlichen Teile daraus vorzustellen. *Bild 5.13* zeigt daher das Gesamtschaltbild unseres erweiterten Gerätes, nunmehr „Simplex 1-extra" genannt. Das Schaltbild enthält auch Maßnahmen, mit denen man Batteriestrom sparen kann. Es sind auch gleich die elektrischen Werte der Einzelteile und die mit unserem Multimeter (gegen Masse) am Mustergerät gemessenen Spannungswerte (10 V-Bereich) eingetragen. Diese Werte sollten wir zum Üben öfters mal nachmessen. Sie können infolge der Toleranzen, vor allem bei den Transistoren, erheblich von den angegebenen Werten abweichen.

Die Kopplung zwischen T 2 und T 3 entspricht exakt dem Prinzipschaltbild in Bild 5.12. C 3 und R 2 könnten um je eine Normstufe nach unten oder oben verändert werden, nicht aber R 1. Genaueres über Widerstände an sich kann man im Anhang nachlesen. Früher wurden bei uns die Widerstandswerte direkt auf einer Seite des Widerstandskörpers aufgedruckt. Die jetzige, international übliche Farbring-Kennzeichnung hat den großen Vorteil, daß man den Wert in jeder Einbaulage des Widerstandes bequem ablesen kann.
Gegenüber der Einfachschaltung in Bild 5.1 ist die Versorgungsspannung mit C 4 abgeblockt; C 4 liegt also letztlich parallel zur 9 V-Batterie. Durch diese fließen die Drainströme aller 3 Transistoren. Die Batterie hat aber einen gewissen Innenwiderstand. An diesem können nun Rückkopplungen entstehen durch die Drainwechselströme von T 3 auf T 1. Das äußert sich in lautem Pfeifen. Beweis: Läßt man C 4 weg, so kann man das Pfeifen dadurch beseitigen, daß man PL zurückdreht, mithin die Verstärkung „zurücknimmt". Daher war C 4 auch bei dem einfachen Simplex entbehrlich.

C 4 ist ein sogenannter „Elektrolytkondensator" mit 220 Mikrofarad (µF). Kapazitätswerte ab ca. 1 µF werden in aller Regel als solche „Elkos" ausgebildet. Mit den Kapazitätswerten verhält es sich so: Die Einheit ist das „farad". Das ist ein riesiger Wert, welcher in der Elektronik nicht benötigt wird. Verwendet werden vielmehr das Millionstel davon, das „Mikrofarad" und das Billionstel (!), das „Picofarad" (z.B. C 1 in Bild 5.10). Dazwischen liegt noch das „Nanofarad" (nF), welches ein Milliardstel eines Farad ist.
10 nF hat der Kondensator C 5, welcher parallel zum Kopfhörer liegt. Läßt man ihn weg, so pfeift es ebenfalls. Auch eine Art Rückkopplung. Dabei muß man bedenken, daß auch die Tonfrequenz „nicht in den Leitungen bleibt", auch wenn das nicht so kritisch ist wie bei Hochfrequenz. Aber wenn viel „Verstärkung" dahintersteckt...! Durch Vergrößerung von C 5 auf Werte bis etwa 33 nF kann man übrigens die hohen Töne unserer Tonfrequenz, die „Höhen", weiter absenken. Denn der „Bypass" mit C 5 ist frequenzabhängig wegen dieser Eigenschaft von Kondensatoren.

Zum Lautstärkesteller PL liegt hier ebenfalls ein Kondensator parallel, C 7 mit 68 pF. Er dient hier vorsorglich dazu, Reste der Hochfrequenzimpulse, die irgendwie von T 1 noch herüberkommen und die sonst allerlei Unheil anrichten könnten, nach Masse abzuleiten.
Merke: Hochfrequenz ist keine Klingelleitung!

Schließlich ist noch R 4 zu erwähnen zwischen dem Gate von T 1 und Masse. Er soll einmal verhindern, daß das Gate von T 1 in der Luft hängt (die Strecke Gate-Source in T 1 ist außerordentlich hochohmig!); zum anderen bildet er einen passenden Belastungswider-

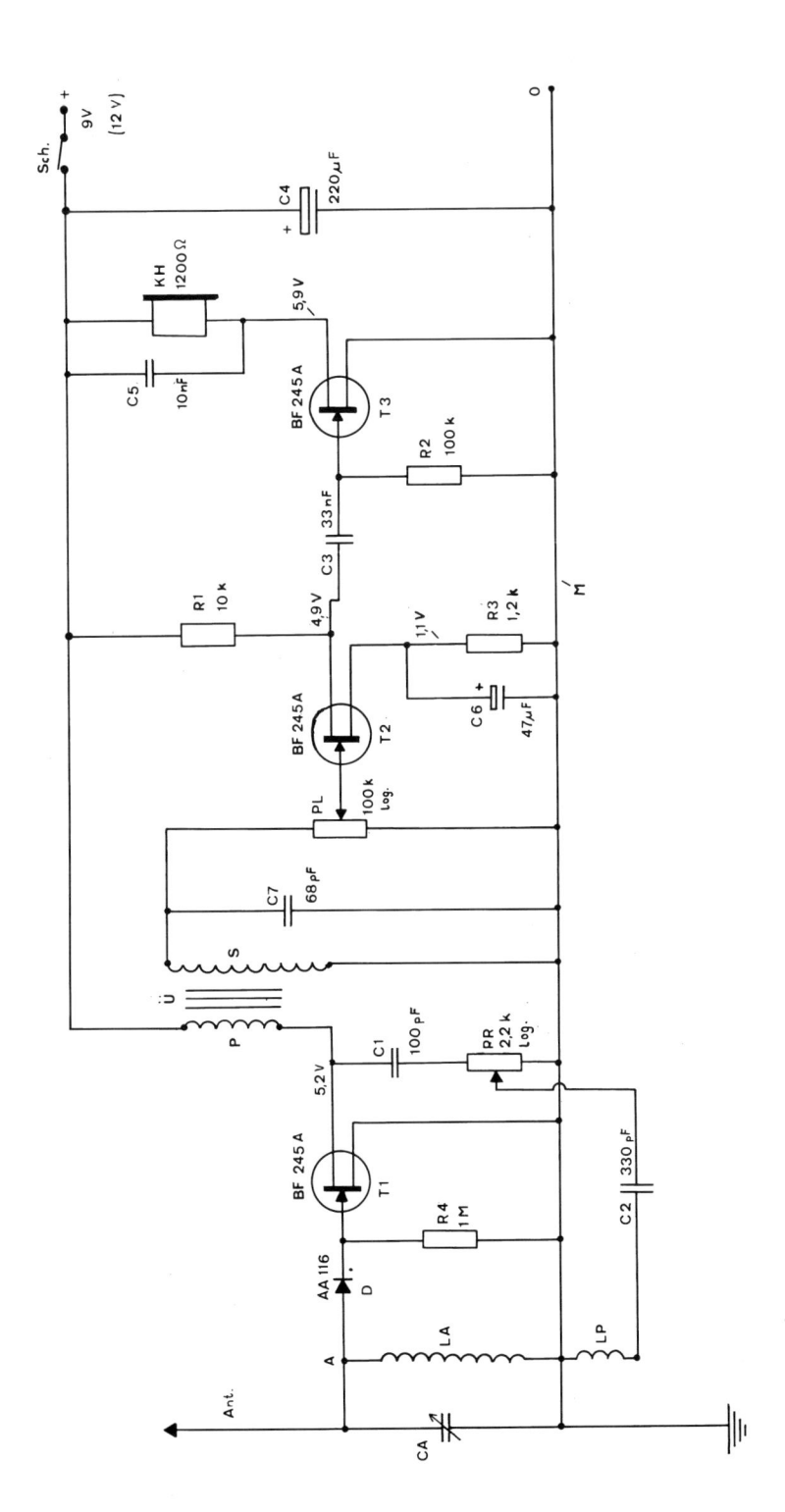

Bild 5.13: Gesamtschaltbild von Simplex-1 extra

stand für die Diode D. Das äußert sich in besserem Klang und stabilerer Rückkopplung. R 4 ist mit 1 Megohm recht hochohmig. Denn 1 Mega ist immer das Millionenfache einer Maßeinheit. Man denke z.B. an die viel genannten Megawatt!

Wir sparen Strom

Dazu dienen die noch nicht erwähnten R 3 und C 6. Das funktioniert so: Legt man, wie bei T 1 und T 3, sowohl das Gate als auch die Source an Masse, so fließt bei unseren Transistoren BF 245 A ein typenmäßiger Drain-Gleichstrom von 3...6 mA. Diese Ströme muß natürlich die Batterie liefern. Erteilt man nun dem Gate eines solchen FETs eine ,,negative Vorspannung" gegenüber der Source (nicht gegen Masse!), so kann man den Drain-Gleichstrom verringern. Das geschieht hier. Und zwar wird die Source von T 2 ,,hochgelegt". Denn der Drain-Gleichstrom ruft an R 3 einen Spannungsabfall hervor, welcher an der Source von T 2 positiv ist gegenüber Masse und damit auch gegenüber dem Gate. Andersherum ausgedrückt: Das Gate ist gegenüber der Source negativ vorgespannt, genau wie beabsichtigt! Das sollten wir uns sehr genau einprägen! Diese negative Vorspannung wird mithin ,,automatisch" vom Drainstrom erzeugt. Je stärker negativ nun das Gate gegenüber der Source gemacht wird, umso geringer wird der Drainstrom. Bei T 2 fließen jetzt nur noch rd. 0,6 mA gegenüber 5 mA in Bild 11.

Der Kondensator C 6 hat die Aufgabe, R 3 ,,wechselspannungsmäßig kurzzuschließen". Läßt man ihn weg, so ist die Verstärkung durch T 2 wesentlich kleiner!

Wer will, kann auch T 1 auf Stromersparnis umrüsten. Dazu ist lediglich eine ,,Source-Kombination" zwischen Source (Lötöse 7) von T 1 und Masse einzulöten. Genau so, wie bei T 2 und mit den gleichen Werten. Dabei geht die Verstärkung von T 1 ein wenig zurück. Das kann unter Umständen dazu führen, daß mit PR kein Schwingungseinsatz bei der Rückkopplung zu erzielen ist. Das kann man dann durch ein paar zusätzliche Windungen bei der Rückkopplungsspule LR ausgleichen.

Die Verdrahtung von Simplex 1-extra

Bild 5.14 zeigt diese. Wie man leicht sieht, stehen auch hierfür noch genügend freie Lötösen auf den Lötösenleisten zur Verfügung. Nähere Erläuterungen zur Verdrahtung dürften sich erübrigen. Denn wir haben inzwischen genügend Erfahrung im Umgang mit der Radio-Bank gewonnen. Bild 5.14 ist auch nur ein Vorschlag für die Verdrahtung. Es sind viele Abwandlungen möglich, ohne daß die Schaltung nach Bild 5.13 beeinflußt wird. So könnte man etwa C 3 direkt an die Lötösen 15 und 18 mit anlöten.
Die Schaltung in Bild 5.13 ist übrigens hervorragend geeignet zum Intensivtraining. Das könnte etwa so aussehen: Man lötet alle Bauteile auf der Radio-Bank ab; legt alles beiseite, wartet eine oder zwei Wochen ab und versucht dann, die Schaltung ohne Blick auf Bild 5.14 wieder zusammen zu löten! Eine Sicherheit hat man ja: Die Schaltung hatte ja vor der Demontage funktioniert!

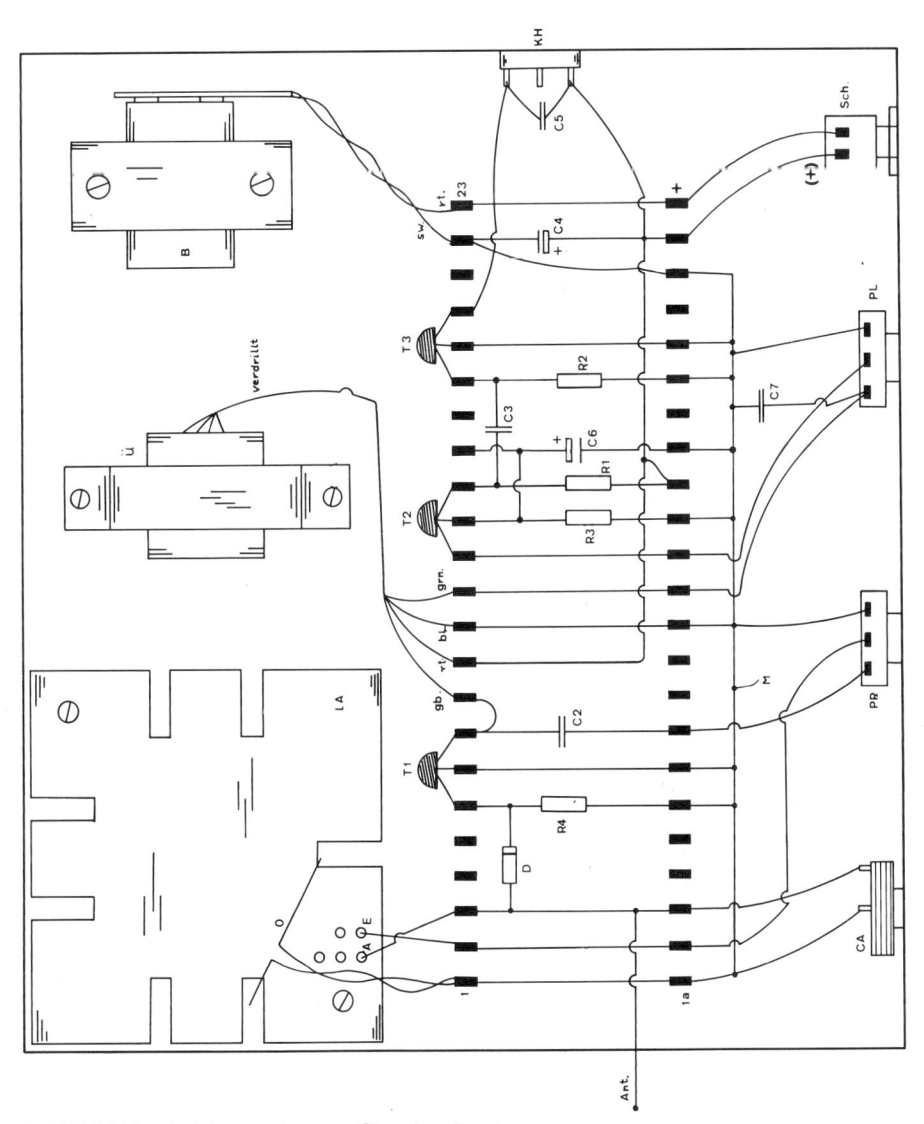

Bild 5.14: Verdrahtungsplan von Simplex-1 extra

Tips zum Umgang mit Simplex 1-extra

Unser Gerät hat nun empfangstechnisch einen Stand erreicht, der auch in den einfachen Empfängern der Vorkriegszeit erreicht war. So z.B. auch in den sogenannten Volksempfängern. Aber auch in komfortableren Geräten, mit großer bunter Skala, Holzgehäuse und so. All' diese Geräte sind ,,Einkreiser". Nicht, weil sie etwas einkreisen, sondern weil sie nur einen Abstimmkreis haben, bestehend aus Spule und Abstimmdrehko. Die mangelnde Trennschärfe versuchte man auszugleichen mit der Rückkopplung. Auf deren ,,weichen Einsatz" wurde daher besonderer Wert gelegt.

Wenn wir daher auf Senderjagd gehen wollen, müssen wir kurz vor dem Schwingungseinsatz arbeiten. Es gab da früher ausgesprochene Künstler. Dann ist die Trennschärfe mitunter schon so groß, daß die hohen Töne bereits beschnitten werden. Das muß man in Kauf nehmen für die Möglichkeit, mit dem einfachen Gerätchen ferne Sender heranzuholen. Ganz früher gab es auch keine andere Möglichkeit. Wichtig ist immer ein gutes Gegengewicht, z.B. Wasserleitung, Zentralheizungsrohr oder 4...8 Meter Draht, den man einfach auf den Fußboden ,,in die Gegend" wirft. Nichts bringt hingegen eine längere Antenne! Unsere 1,20...1,50 Meter Draht am heißen Punkt des Schwingkreises ist optimal ,,angepaßt". Eine längere Antenne würde nämlich den Schwingkreis verstimmen und den Rückkopplungseinsatz sehr erschweren. Wir wollen bei alledem nicht vergessen, daß ,,Simplex 1-extra" eigentlich kein Gerät zum täglichen Radiohören ist, sondern ein ,,Schnupperradio" zum leichten Kennenlernen der Elektronik mit Hilfe der Radiotechnik.

Beim Arbeiten mit dem Gerätchen stellen wir schnell fest, daß es zur Lautstärkeeinstellung zwei Möglichkeiten gibt: Entweder mit dem Lautstärkeregler PL oder dem Einsteller PR für die Rückkopplung. Wenn wir zum Heranholen ferner Sender die Rückkopplung ,,scharf anziehen" müssen, dann muß im Gegenzug die Lautstärke entsprechend zurückgenommen werden. Wollen wir hingegen einen stark ,,einfallenden" Sender aus der Nachbarschaft empfangen, so drehen wir das Rückkopplungspoti PR zurück und dafür den Lautstärkeregler PL ein wenig mehr auf. Dann ist auch das an den Kopfhörer gelangende Tonfrequenzband so ,,breit", wie es der Sender ausstrahlt; d.h., die ,,Höhen" werden kaum mehr beschnitten.

Wenn wir nun genügend mit unserem Gerätchen experimentiert haben, wollen wir uns nun wieder mit unserem Multimeter HM 102 BZ befassen. Denn das kann noch etwas mehr, als wir bisher kennengelernt haben.

Batterieprüfung

Hierzu hat unser Multimeter eine schöne bunte Skala im Skalenfenster und zwei besondere Schaltstellungen an seinem Umschalter. Warum eigentlich zwei besondere Schaltstellungen? Es gibt doch bereits die Meßbereiche 2,5 und 10 Volt! Nun, um eine Batterie einigermaßen ,,aussagefähig" prüfen zu können, muß sie bei der Prüfung ,,belastet" werden. Denn beim Betrieb eines Radios oder eines sonstigen ,,Verbrauchers" wird ihr auch Strom entnommen, sie also belastet. Bei der Schalterstellung ,,BAT 9 V" wird im Multimeter zusätzlich zum Meßwerk ein Belastungswiderstand an seine Anschlußklemmen gelegt. Dieser verursacht hier einen Belastungs-Stromfluß von ca. 20 mA. Ebenso in der Schalterstellung ,,BAT 1,5 V". Mithin wird im Multimeter in den Schalterstellungen ,,BAT" die übliche Batterie-Belastung durch einen Widerstand ,,nachgebildet".

Schlägt nun beim Batterietest der Zeiger bis ins grüne Feld aus, so ist die Batterie noch gut („good"). Bleibt hingegen der Zeiger im roten Feld, so ist die Batterie so weit „verbraucht", daß sie ausgewechselt werden muß („replace"). Dann nämlich reicht ihre Spannung nicht mehr aus, um einen Verbraucher ordnungsgemäß zu betreiben.

Kondensatorprüfung

Die Schaltung in Bild 5.13 und ihr Aufbau auf den Lötösenleisten ermöglicht uns leicht, eine weitere Verwendungsmöglichkeit unseres Multimeters kennenzulernen: Die Prüfung von Kondensatoren, insbesondere Elektrolytkondensatoren, ab ca. 0,47 µF. Dies steht zwar nicht auf dem Multimeter, ist aber möglich mit dessen Ohm-Meßbereich.

Wir wissen noch, daß jeder Kondensator zwar Wechselstrom durchläßt, nicht aber Gleichstrom. Bevor nun der Kondensator Gleichstrom sperrt, muß er sich erst einmal aufladen. Denn er ist, physikalisch gesehen „ein Ladungsspeicher". Eine „Aufladungsphase" läuft auch bei unseren Kondensatoren, etwa C 4 oder C 6, ab, nur merken wir dies nicht! Mit dem Multimeter können wir nun die Aufladung von Kondensatoren beobachten und diese damit prüfen. Der Zeiger schlägt auf einen, von der Kondensatorkapazität abhängigen Wert aus und geht dann auf Null zurück. Das nennt man eine „ballistische" Messung.

Ballistische Prüfung von Kondensatoren mit dem Multimeter HM 102 BZ

Wert µF	Zeigerausschlag	Meßbereich
0,47	10	Ohm x 1 k
1	20	Ohm x 1 k
2,2	45	Ohm x 1 k
4,7	70	Ohm x 1 k
10	95	Ohm x 1 k
22	145	Ohm x 1 k
47	170	Ohm x 1 k
100	210	Ohm x 1 k
220	235	Ohm x 1 k
470	280	Ohm x 1 k
1000	290	Ohm x 1 k
470	70	Ohm x 10
1000	110	Ohm x 10

Bild 5.15: Meßwertetabelle für Kondensatorprüfung

Zum Prüfen von beispielsweise C 6 löten wir diesen einseitig ab. Die rote Prüfschnur (plus) muß hier in die linke, die andere in die rechte Steckbuchse kommen, also umgekehrt wie bei einer Spannungsmessung. Das Multimeter wird geschaltet auf „Ohm x 1 K". Tasten wir nun C 6 mit den Prüfleitungen ab, so schlägt der Zeiger ungefähr bis zum Wert „170" auf der 250er Skala aus und geht dann auf Null zurück. Und er soll auf Null zurückgehen, wenn der Kondensator gut ist. C 4 mit 220 µ erreicht etwa 235, ein Kondensator mit 10 µ etwa 95 und einer mit 1 µF etwa 20. *Bild 5.15* zeigt die Ergebnisse von Messungen mit jeweils mehreren Kondensatoren eines Wertes. Vor jedem neuen Messen muß der betreffende Kondensator durch Kurzschließen entladen werden. Bei großen Kapazitäten kann der Zeigerrücklauf, durch Umschalten auf „Ohm x 1" (Prüfling dabei nicht abklemmen!), beschleunigt werden; dann ist der Ladestrom größer. Erfahrene Praktiker prüfen grundsätzlich alle Elkos vor dem Einbau durch. Denn diese halten zwar lange im unbenutzten Zustand, aber auch nicht sehr lange wegen der Chemie, die in ihnen steckt. Solche ballistischen Prüfungen sind naturgemäß nicht sehr genau; das brauchen sie für unsere Radiozwecke aber auch nicht zu sein. Zudem werden gerade Elkos von Haus aus mit großen Toleranzen gefertigt. Vor dem Testen mit dem Multimeter muß selbstverständlich dessen Ohm-Bereich erst auf Null justiert werden, wie früher ausführlich beschrieben.

Was bedeutet eigentlich „20 kΩ/V DC"?

Das steht nämlich noch auf unserem Multimeter, links unten im Skalenfenster. Dazu noch (rot): „8 kΩ/V AC". Nun, wir wissen noch von früher, daß „DC" Gleichstrom bedeutet oder auch Gleichspannung. Das ist ganz allgemein als Kennzeichnung einer Strom- bzw. Spannungsart zu verstehen. Analog dazu heißt „AC" Wechselspannung bzw. Wechselstrom.

„20 kΩ/V DC" bezeichnet nun eine wichtige „Kenngröße" unseres Multimeters, nämlich dessen „Innenwiderstand". Dieses Multimeter hat in sich ein „bewegliches System", das ist diejenige mechanische Mimik, welche den Zeigerausschlag bewirkt. Wie sie genau aussieht, soll uns hier nicht interessieren. Klar ist aber, daß das bewegliche System ein wenig Energie benötigt, um den Zeiger gegen eine Federkraft (der „Nullstellungsfeder") aus seiner Nullage heraus zu bewegen, ihn also „auszulenken". Woher diese Energie nehmen? Sie kann natürlich nur vom Schaltungsteil geliefert werden, dessen Spannung man messen will, also vom „Meßobjekt" selbst. Unser Multimeter benötigt daher auch bei einer Spannungsmessung einen (zwar ganz kleinen) Strom! Zur Erläuterung sehen wir uns die Gesamtschaltung in Bild 5.13 nochmals an und erinnern uns, wie wir früher die Drainspannung von T 2 gemessen hatten. Damals hatten wir das Multimeter einerseits an den Drain und andererseits an Masse angeschlossen. Letztlich also parallel zur Strecke Drain-Source von T 2. Der vom Multimeter selbst benötigte Strom muß also mit über R 1 fließen. Damit wird nun aber der Meßwert ein wenig verfälscht. Das Multimeter zeigt eine etwas geringere Spannung an, als tatsächlich vorhanden.

Um diese Verfälschung für eine genaue Messung abschätzen zu können, müßte man eigentlich für jeden Meßbereich des Multimeters nicht nur den Wert des kleinen Stromes kennen, welchen das Multimeter für den Zeigerausschlag benötigt, sondern auch dessen „Innenwiderstand", weil ja letztlich der kleine Strom von einem Widerstand bestimmt wird, eben diesem „Innenwiderstand" (Ohmsches Gesetz). Das wäre sehr umständlich!

Man hat daher den Innenwiderstand „normiert" und bezieht ihn immer auf einen gedachten (!) 1 Volt-Meßbereich.
Beispiel: Wenn unser Multimeter einen Meßbereich von genau 1 V-Endausschlag hätte, würde es bei Gleichspannung einen Innenwiderstand von genau 20 000 Ohm haben. Denn nichts anderes bedeutet das „20 kΩ/V DC". Und 8 kΩ bei „AC"!

Das alles ist gar nicht so unflott, wie es zunächst scheint. Denn man braucht jeweils nur einen Skalen-Endwert mit dem normierten Innenwiderstand, eben dem „Ohm pro Volt" (Ω/V) zu multiplizieren, um auf den tatsächlichen Innenwiderstand bei diesem Meßbereich zu kommen! So hat unser Multimeter im Meßbereich „2,5 Volt DC" einen Innenwiderstand von 50 kΩ, im Bereich „10 Volt DC" einen von 200 000 Ohm (10 x 20 000) und im Bereich „DC 250 V" einen von 5 Millionen (!) Ohm, also 5 MΩ. (Ist diese Methode nicht elegant?) Wenn wir z.B. den 10 Volt-Bereich am Multimeter eingestellt haben und bei T 2 eine Drain-Spannung von 4 V messen, so benötigt unser Multimeter hierzu ganze 0,00002 mA bzw. 20 µA (!). Ein Wert, der absolut vernachlässigbar ist („vergessen werden kann").

Was heißt „dB" ?

Diese Angabe steht unter der roten AC-Skalenleiter. Wie man sieht, ist das eine ganz unlineare Wertefolge. Da diese dB-Skalenleiter rot ist, muß sie etwas mit Wechselspannung zu tun haben. Stimmt! Und zwar in erster Linie mit Tonfrequenzen. Das hat mit der Hörempfindlichkeit unserer Ohren zu tun.

Bei der Besprechung des Lautstärkereglers PL haben wir erfahren, daß dieser ein logarithmischer Typ sein muß, weil die Hörempfindlichkeit unserer Ohren ebenfalls logarithmisch verläuft. Dieser logarithmische Verlauf wird nun immer in Dezibel, abgekürzt „dB", angegeben und gemessen. Kennzeichnend ist nun, daß der Sprung von einem dB auf das nächste dB immer die gleiche Sprungweite hat, nämlich immer das 1,12fache. Das läßt sich auch an der dB-Skalenleiter unseres Multimeters verfolgen. Zum Beispiel eine Steigerung um 2 dB, etwa von 18 dB auf 20 dB. 18 dB entsprechen hier etwa 6,1 Volt, 20 dB etwa 7,7 Volt (AC-Skalenleiter). Multiplizieren wir 6,1 mit 1,12, so erhalten wir 6,8 und die 6,8 nochmals mit 1,12, so erhalten wir 7,65, also rund die angegebenen 7,7 Volt. Die kleine Differenz ist in der begrenzten Ablesegenauigkeit begründet.

Damit man nun die Zahlenwerte nicht immer erst in dB umrechnen muß, hat man die dB-Werte gleich in einer besonderen dB-Skala unter die AC-Skala gedruckt. Dies war um so leichter, da man sich international geeinigt hatte, dem Spannungswert 0,775 Volt den dB-Wert Null zuzuordnen und von diesem ausgehend nach oben und unten in dB zu rechnen. Beweis: Null dB, die 0,775 V, 6 mal nacheinander mit 1,12 multipliziert, ergeben rund 1,52 Volt und unter 1,52 der AC-Skala findet man den zugehörigen dB-Wert, nämlich „+6 dB". In der Praxis ist die dB-Skala immer dann von Vorteil, wenn der „Frequenzgang" eines bestimmten „elektroakustischen Wandlers", z.B. eines Lautsprechers, gemessen werden soll. Etwa um festzustellen, wie stark noch die „Höhen" und „Bässe" gegenüber einer mittleren Frequenz von 1000 Hz („Bezugsfrequenz") übertragen werden.

Langwellenempfang

Auch dieser ist mit unserem Gerätchen möglich. Dazu muß der Schwingkreis umdimensioniert werden. Am leichtesten ist das durch Änderung der Spule LA. Sie erhält für Langwelle 146 Windungen mit Draht 0,2 mm CuL. Die Rückkopplungsspule LR etwa 25...30 Windungen des gleichen Drahtes. Sonst ist weiter nichts zu ändern. Auch unsere kurze Antenne am Hochpunkt des Schwingkreises bleibt.

Simplex 2

In „Simplex 1" und „Simplex 1-extra" hatten wir die sogenannten Feldeffekt-Transistoren kennengelernt. Sie zeichnen sich durch eine besonders einfache Beschaltungsweise aus, welche sie für diese allerersten Einsteigerschaltungen besonders geeignet machte.

In „Simplex 2" lernen wir nun die weit verbreiteten „normalen" oder „bipolaren" Transistoren kennen. Es war eine technische Ironie des Schicksals, daß nach der Zeit der Elektronenröhren zunächst erst die Entwicklung dieser bipolaren Transistoren mit ihrer ganz andersartigen Arbeitsweise fortschritt und erst hernach die Entwicklung der Feldeffekt-Transistoren, deren Beschaltungsart wenigstens an diejenige von Elektronenröhren erinnerte.

Aber keine Angst! Es gibt auch für bipolare Transistoren recht einfache Grundschaltungen! Wenn man die kennt, ist der Umgang mit bipolaren Transistoren ähnlich einfach und problemlos wie mit den Feldeffekt-Transistoren.

Die schaltungsmäßigen Eigenschaften von bipolaren Transistoren lassen sich am besten erkennen durch den Vergleich mit denen von Feldeffekt-Transistoren. Wir gehen daher nachfolgend zunächst nochmals kurz auf Simplex 1 ein. Für den Bau des ähnlich einfachen „Simplex 2" können wir dann alle übrigen Teile von Simplex 1 verwenden, auch die Radio-Bank, die Lötösen, den NF-Übertrager Ü und den Kopfhörer mit 2 x 600 Ohm, z.B. den Sennheiser-Typ HD 40.

Grundlegende Unterschiede zu „Simplex 1"

Bild 6.1 zeigt nochmals die außerordentliche Einfachheit von „Simplex 1". Bild 6.2 sodann ein Sinnbild für die andersartige Steuerung von bipolaren Transistoren.

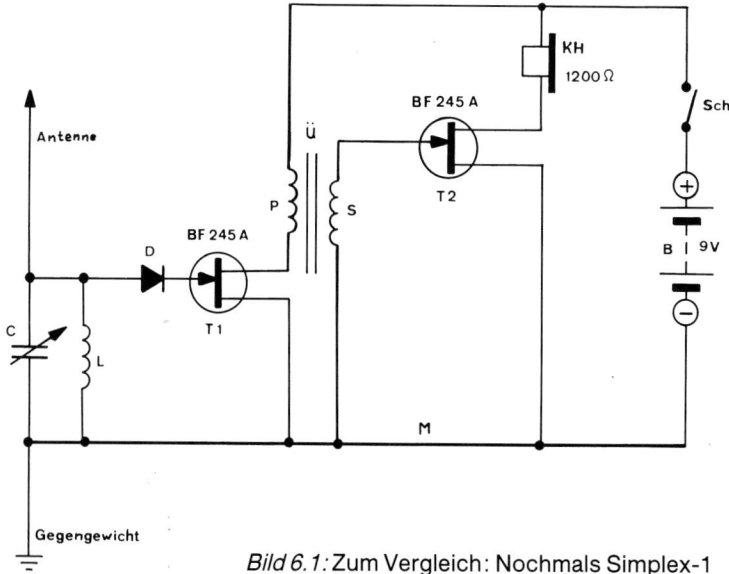

Bild 6.1: Zum Vergleich: Nochmals Simplex-1

Bei Bild 6.1 ist die Beschaltung der Feldeffekt-Transistoren deswegen so einfach, weil diese Transistoren in aller Regel bei Gatevorspannung Null bereits einen kleinen Ruhe-Drain-Gleichstrom, hier von 3...6 mA, ziehen. Weil das für manche Fälle gerade recht ist (wie eben bei Simplex 1), kann man die Gates direkt mit Masse verbinden, genauer genommen, mit den Source-Elektroden. So bei T 2 über die Sekundärseite des NF-Trafos Ü und bei T 1 über die Diode und den Schwingkreis. Bei bipolaren Transistoren ist das leider nicht möglich! Bei diesen tut sich nichts, wenn an ihren Steuerelektroden kein Gleichspannungs-Ruhepotential liegt!

In *Bild 6.2* ist der bipolare Transistor in einen gestrichelten Kreis TR eingezeichnet. Er hat die drei Anschlüsse E, B und C. E heißt „Emitter", B heißt „Basis" und C heißt „Collektor", was auch oft mit K geschrieben wird. Die Strecke R_{CE} ist hier das leitende Band, dessen Widerstand zu steuern ist und dessen Stromfluß wieder durch das Meßinstrument angezeigt wird (gedanklich). Die Basis ist nun die Steuerelektrode.

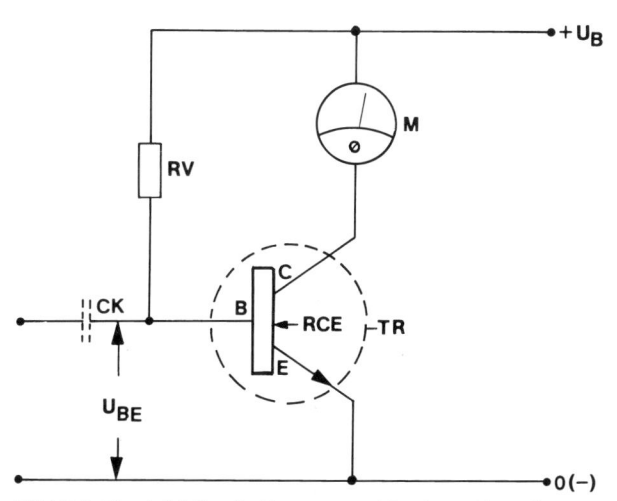

Bild 6.2: Sinnbild für die Steuerung bipolarer Transistoren

Wie ersichtlich, steht die Basis B mit dem positiven Pol der Stromquelle U_B, über einen (hochohmigen) Widerstand RV, in Verbindung. Dieser speist in die Basis einen ganz kleinen Strom im Mikro-Ampere-Bereich ein. Ein solcher bipolarer Transistor hat nun die Eigenschaft, daß sich durch ihn Kollektorströme im Milliampere-Bereich durch Basisströme im Mikroampere-Bereich steuern lassen. Bipolare Transistoren sind demgemäß „Stromverstärker". Diese Stromverstärkung wird angegeben als Verhältnis von Kollektorstrom I_C zu Basisstrom I_B. Benötigt z.B. ein Transistor zur Erzeugung eines Kollektorstromes von 1 mA einen Basisstrom von 5 µA, so hat er einen Stromverstärkungsfaktor B von 200. Denn 0,001 : 0,000005 ist 200. Dabei stellt sich immer eine kleine Spannung U_{BE} zwischen Basis und Emitter ein. Sie beträgt ca. 0,3 Volt bei Transistoren aus Germanium und ca. 0,6 Volt bei solchen aus Silizium. Letztere sind etwas robuster und werden überwiegend verwendet.

Weil der Strom in der Basis so klein ist, muß nach dem Ohmschen Gesetz der Vorwiderstand RV entsprechend hoch sein. Bei dem genannten Basisstrom von 5 µA und einer Versorgungsspannung UB von 6 Volt muß er z.B. 1,2 Millionen Ohm haben. Denn 6 : 0,000005 ist 1 200 000. Oder (genauer) 1 080 000 Ohm, wenn man die Spannung U_{BE} mit 0,6 Volt von der Versorgungsspannung abzieht.

Der Stromverstärkungsfaktor wird auch mit H_{FE} bezeichnet. Er ist sehr wichtig für die Berechnung des Vorwiderstandes RV. Wie weiter aus Bild 6.2 zu sehen, liegt an der Basis B stets die kleine Spannung U_{BE} an. Damit diese nun nicht woanders hin abfließen und Unfug anrichten kann, wird vor die Basis stets ein Koppelkondensator CK vorgeschaltet.

Die Stromverstärkungsfaktoren liegen in der Praxis zwischen etwa 100 und 600. Um diese große Spanne zu verkleinern, sind die einzelnen Transistortypen meistens in drei Gruppen unterteilt. Diese sind mit A, B und C bezeichnet. Wir sehen, daß manche Buchstaben bei Transistoren in mehrfacher Bedeutung verwendet werden. So z.B. ,,B'' für die Kennzeichnung des Basisanschlusses, für die Stromverstärkung als Einheit (ähnlich wie ,,Volt'' für die Spannung) und schließlich als Kenngruppe für den Stromverstärkungsbereich. Was nun jeweils gemeint ist, ergibt sich aus dem Gesamtzusammenhang, in dem es verwendet ist.

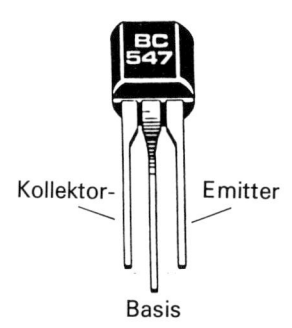

Bild 6.3: So sieht unser Transistor BC 547 aus

Aus der Vielzahl der Transistortypen wählen wir für ,,Simplex 2'' den modernen Typ BC 547 B aus. Wie er aussieht zeigt *Bild 6.3*. Wir merken uns hier gleich, daß man zur Ermittlung der Anschlußdraht-Belegung bei allen Transistoren stets gegen die auf einen zu gerichteten Anschlußdrähte schauen muß, also zum Transistor ,,von unten her''. Der Typ BC 547 B hat eine Stromverstärkung B im Bereich von 200 bis 450, im Mittel also 325, je nach gekauftem Exemplar. Diese ,,Streuung'' stört in der Praxis aber nicht, wie es zunächst vermuten läßt. Denn sie läßt sich durch eine entsprechende Beschaltung des Transistors mit einfachen Mitteln ausgleichen.

Ausgleich unterschiedlicher Stromverstärkung

Bild 6.4 zeigt die einfachste Schaltung zum Ausgleich unterschiedlicher Stromverstärkungsfaktoren. Das Transistorsymbol ist jetzt so gezeichnet, wie es in der Praxis geschieht. Es sind dabei gleich die Werte der Widerstände eingezeichnet, wie wir sie für die zweite Stufe von „Simplex 2" benötigen. Wie bei „Simplex 1" ist dies auch hier diejenige Stufe, welche unseren Kopfhörer mit 2 x 600 Ohm speisen soll, z.B. den Typ HD 40. Dessen Spulen sind auch hier hintereinandergeschaltet und ergeben dann 1200 Ohm. Im Unterschied zu Bild 6.2 ist hier – und das ist der Pfiff – der Basis-Vorwiderstand RV direkt zwischen Kollektor und Basis des Transistors geschaltet.

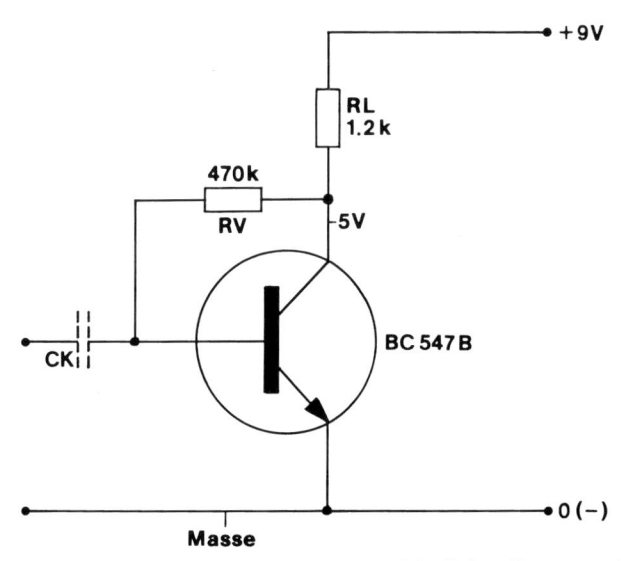

Bild 6.4: Einfachste Schaltung zum Ausgleich unterschiedlicher Stromverstärkungen

Wie man auf die eingezeichneten Werte kommt? Gar nicht schwer, wenn man mit dem Ohmschen Gesetz umgehen kann. Ohne ein paar Überlegungen und einfache Rechnungen geht es leider nicht. Besonders, wenn man später mal Transistoren unter anderen Bedingungen als in Simplex 2 arbeiten lassen will.

Nun, ein bipolarer Transistor macht, wir haben es schon früher gelesen, zunächst einmal gar nichts. Er muß vielmehr zum Arbeiten auf einen bestimmten „Arbeitspunkt" gezwungen werden. Und den bestimmen wir! Aber wir sind da nicht ganz unabhängig. Wir sind von der Spannung unserer Batterie und dem Widerstand unseres Kopfhörers abhängig. Diese Werte sind uns „vorgegeben". Aber nun geht es los.

Die Spannung unserer Batterie beträgt 9 Volt und unser Kopfhörer hat 1200 Ohm. Man läßt nun aus Zweckmäßigkeitsgründen einen Transistor gern so arbeiten, daß an seinem Kollektor ungefähr die halbe Batteriespannung „steht". Wir wählen 5 Volt; das ist sein Arbeitspunkt, gemessen gegen Masse. Damit nun am Lastwiderstand RL von 1200 Ohm die restlichen 4 Volt „abfallen", muß ein ganz bestimmter Strom durch ihn fließen. Nämlich 3,33 mA! Denn 4 : 1200 = 0,00333 (wir erinnern uns: I = U:R). Wie nun den Transistor zu diesem Stromfluß bringen? Hier hilft uns nun der Stromverstärkungsfaktor B bzw. H_{FE}. Er liegt beim BC 547 B, wie schon erwähnt, bei 325. Der notwendige Basisstrom ist 0,000010 Ampere, mithin 10 µA. Denn 0,0033 : 325 ist ca. 0,000010 (genauer brauchen wir es nicht). An RV müssen bei diesem Strom rund 5 Volt abfallen, wenn man die Basis-Schwellenspannung von rd. 0,6 Volt mal unberücksichtigt läßt. Es ergibt sich somit für RV ein Wert von 500 000 Ohm, also 500 kΩ (= 5 : 0,00001). Wir nehmen den nächst niedrigen Normwert, 470 kΩ. Wir sehen bei alledem immer, wie äußerst wichtig der Umgang mit dem Ohmschen Gesetz ist und was für eine Bereicherung der Technik uns der geniale Herr Simon Ohm damals gebracht hat. Das Rechnen mit seinem Gesetz muß daher „sitzen".

Die Schaltung von „Simplex 2"

Bild 6.5 zeigt sie. Nachdem wir die Beschaltung der zweiten Stufe schon zu Bild 6.4 ausführlich kennengelernt haben, gehen wir weiter von hinten nach vorn vor. Bei den Überlegungen zur Festlegung des Transistor-Arbeitspunktes in Bild 6.4 hat uns gar nicht interessiert, was links vom Koppelkondensator CK geschieht. Das ist gar nicht erforderlich bei der Festlegung des gleichstrommäßigen (!) Arbeitspunktes. Man kann hier schön zweistufig vorgehen: Zunächst den gleichstrommäßigen Arbeitspunkt festlegen und hernach die wechselstrommäßigen Größen. Das ist eine gewisse Erleichterung bei der Dimensionierung von Transistorschaltungen.

In Bild 6.5 sind die Einzelteile ganz standardmäßig bezeichnet. So ist der Kollektor des zweiten Transistors mit dessen Basisanschluß verbunden über „R 1" mit 470 kΩ und der Koppelkondensator zur vorhergehenden Stufe ist mit „C 1" bezeichnet. Analog hierzu sind die anderen Widerstände und Kondensatoren bezeichnet.

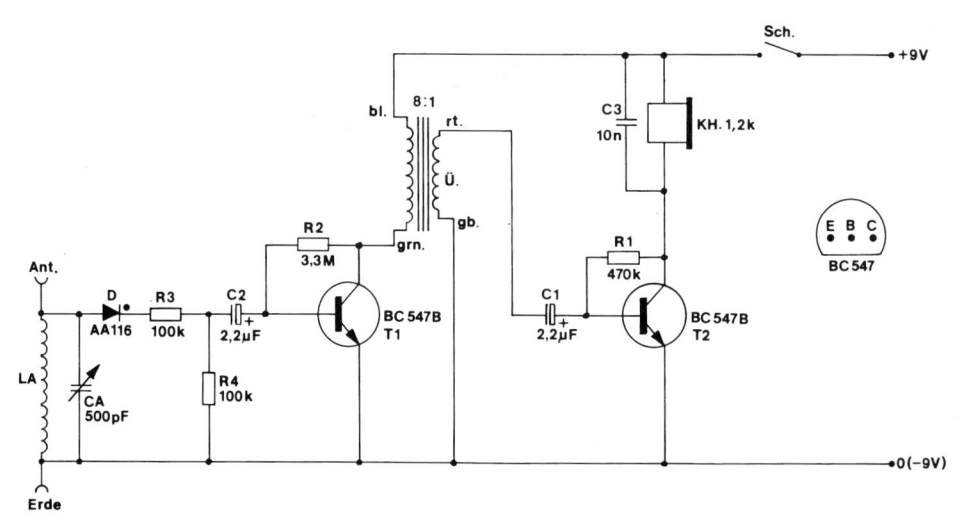

Bild 6.5: Die Schaltung von Simplex-2

Zwischen der zweiten Verstärkerstufe mit T 2 und der ersten ist wieder unser NF-Trafo eingefügt. Doch hier umgekehrt! Nämlich so, daß eine Abwärts-Transformation der NF erfolgt. Das ist kein Druckfehler und ist bei der Zusammenschaltung von bipolaren Transistoren stets erforderlich; im Gegensatz zu Feldeffekt-Transistoren (wie bei Simplex 1). Das hat folgenden Grund. Die Strecke Basis – Emitter eines bipolaren Transistors hat neben einem Gleichstromwiderstand auch einen Wechselstromwiderstand. Und der ist viel kleiner! So beträgt der Gleichstromwiderstand dieser Strecke bei unserem T 2 ca. 60 000 Ω (0,6 : 0,000010); der Wechselstromwiderstand hingegen etwa 2500 Ω. (Warum das so ist und wie man das mißt, soll uns hier nicht interessieren; denn wir wollen ja keine Transistoren entwickeln, sondern nur mit ihnen umgehen lernen). In ganz ähnlicher Weise hat die Kollektorseite von T 1 einen Gleichstromwiderstand und einen Wechselstromwiderstand. Und dieser Wechselstromwiderstand ist nun wesentlich größer als derjenige der Basis-Emitter-Strecke von T 2! Damit nun eine gute Übertragung der NF-Energie von T 1 auf T 2 erfolgen kann, muß die Ausgangsseite von T 1 an den Eingang von T 2 angepaßt werden. Mit anderen Worten: Der (Wechselstrom-) Ausgangswiderstand von T 1 muß ungefähr auf den (Wechselstrom-) Eingangswiderstand von T 2 heruntertransformiert werden! Und mit einem Transformator kann man nicht nur Spannungen transformieren, sondern auch Widerstandswerte! Das geschieht hier.

So eine Widerstandstransformation kommt in der Praxis gar nicht mal selten vor. Man muß dazu wissen, daß diese Transformation nicht mit dem reinen Übersetzungsverhältnis erfolgt, sondern mit dem Quadrat des Übersetzungsverhältnisses. Sowohl rauf als auch runter. Bei unserem NF-Trafo Ü mit einem Übersetzungsverhältnis von 1 : 8 würde demgemäß ein Widerstandswert mit dem 64fachen auf der anderen Seite erscheinen. Denn 8 x 8 sind 64! Oder mit einem 64tel, wenn nach unten transformiert wird. Man gewöhnt sich da schnell dran und mit den Taschenrechnern ist das heute überhaupt kein Problem.

Nun zur Bemessung von R 2 für die Festlegung des Arbeitspunktes von T 1. Genau wie zu T 2 müssen zunächst die vorgegebenen Daten ermittelt oder erkannt werden. Das sind hier: Batteriespannung und Gleichstromwiderstand der Trafowicklung. Weiterhin soll am Kollektor von T 1 wieder etwa die halbe Batteriespannung stehen, also 5 Volt, wie bei T 2. Unsere Trafowicklung (grün-blau) hat rund 9000 Ω. An ihr müssen 4 Volt abfallen. Damit ergibt sich ein Kollektorstrom durch sie von 0,45 mA (nämlich 4 : 9000). Unser Transistor BC 547 B hat, wie wir schon wissen, eine mittlere Stromverstärkung von 325. Damit ergibt sich ein Basisstrom durch R 2 von 1,3 µA (nämlich 0,00045 : 325). Nullen immer genau zählen! Daraus erhält man dann R 2 zu rund 3,4 MΩ. Wir wählen nun den nächstliegenden Normwert – 3,3 MΩ. Damit ist der Gleichstrom-Arbeitspunkt von T 1 festgelegt.

Nun interessiert noch der Wechselstrom-Eingangswiderstand von T 1. Dieser ist wichtig für die Dimensionierung dessen, was links von C 2 ist. Weil der Kollektorstrom von T 1 mit 0,45 mA wesentlich niedriger ist, als der von T 2, ist der Wechselstrom-Eingangswiderstand von T 1 höher als der von T 2. Er beträgt hier rund 8 kΩ gegenüber rund 2,5 kΩ bei T 2. Mit diesen 8 kΩ würde nun, über die Demodulatordiode D unser Schwingkreis belastet . . ., wenn wir dem nicht entgegentreten würden. Denn erfahrungsgemäß soll ein Belastungswiderstand für einen Schwingkreis keinesfalls unter 100 kΩ liegen, besser höher. Daher sehen wir R 3 vor mit 100 kΩ. R 4 schließt den Demodulatorkreis gleichstrommäßig. Er könnte auch kleiner sein, so bis etwa 22 kΩ.

Der Koppelkondensator C 2 ist dabei mit 2,2 µF (auch 1 oder 4,7 µF würden gehen) so groß bemessen, daß er für die NF praktisch keinen Widerstand darstellt. Das Gleiche gilt sinngemäß für C 1 vor der Basis von T 2. Für beide wählt man am einfachsten Elektrolytkondensatoren („Elkos"). Dabei müssen wir stets deren Polung beachten. Ein genauer Blick auf Bild 6.5 zeigt, daß an den Basis-Anschlüssen der beiden Transistoren die schon erwähnten (zurückblättern!) Schwellenspannungen von ca. +0,6 Volt stehen..., also muß der Pluspol der Elkos an die Basis-Anschlüsse.

Um eine Schwingneigung von vornherein auszuschließen, wurde C 3 parallel zum Kopfhörer vorgesehen. Er beträgt 10 nF bis ca. 33 nF. Wegen seiner Frequenzabhängigkeit werden durch ihn gleichzeitig die hohen Tonfrequenzen mit bedämpft, um so mehr, je größer sein Kapazitätswert ist. 10 nF ist etwa der unterste Wert.

Der Aufbau von Simplex 2

Zum Aufbau dient wieder unsere Radio-Bank, Abm. siehe Bilder 2.3, 2.4, 2.5, 2.6. Wer sein Simplex 1 demontieren will, lötet zunächst alle Bauteile ab. Dann bleiben an den Lötösen noch mehr oder weniger große Reste von Lötzinn haften (sog. Batzen). Hier hilft „Entlötlitze". Das ist ein Geflecht von dünnen Kupferdrähten. Diese Litze ist direkt „zinngierig" und wird so verwendet: Man legt ein Ende der Litze auf den Lötzinnbatzen, z.B. einer Lötöse. Dann drückt man dieses Ende mit der flachen Seite des Lötkolbens gegen den Lötzinnbatzen. Durch die Litze hindurch wird dann der Batzen flüssig. Jetzt saugt die Litze das Lötzinn auf und man kann sehr schön beobachten, wie das Zinn in der Litze „aufsteigt". Die wird dann dabei selbst recht heiß; also mit Pinzette oder Zange die Litze halten. Zum Schluß hat man dann wieder saubere, verzinnte Lötösen.

Bild 6.6 zeigt die Verdrahtung von Simplex 2 auf der Radio-Bank. Es wird wieder blanker, versilberter 0,5 mm-Schaltdraht verwendet. Dort, wo er andere Drähte kreuzen und berühren würde, wird er mit 0,5 mm-PVC-Isolierschlauch überzogen. Besonders wichtig ist das richtige Anschließen der Transistoren T 1 und T 2. Entscheidend ist hier die Lage der flachen Seite des Transistorkörpers; sie ist anders als bei Simplex 1!

Das Anlöten der Teile an die Lötösen wird sehr erleichtert durch säurefreies Lötfett. Für Geräte, welche zu jahrelangem Dauergebrauch bestimmt sind, ist Lötfett Gift. Denn ein klein wenig Säure ist immer drin und die zerfrißt im Laufe der Zeit Lötösen und Drähte. Für unser Experimentier-Gerätchen ist aber wichtiger, daß die Lötstellen gut sind als die Gefahr sonst möglicher „kalter Lötstellen", welche das einwandfreie Arbeiten der Schaltungen in Frage stellen. Eine weitere Erleichterung ist, die Lötösen vor dem Verdrahten zu verzinnen. Also: zunächst fetten wir die Lötösen dünn (!) mit säurefreiem Lötfett ein. Dazu kann man ein kleines Läppchen nehmen oder auch Wattestäbchen (Apotheke). Dann bringen wir an eine Seitenfläche der heißen Lötkolbenspitze ein wenig Zinn (Lötdraht). Schließlich bringen wir die so „verzinnte" Lötkolbenspitze an eine Lötöse. Diese nimmt dann gierig das Lötzinn an. Wenn es zu viel geworden ist, hilft wieder die Entlötlitze. Das alles muß man ein wenig üben, denn es ist die Grundlage aller späteren Beschäftigungen mit Elektronik überhaupt. Auch die „Beinchen" unserer Transistoren verzinnen wir am besten vor dem Anlöten. Dazu taucht man diese kurz ein paar Millimeter ins Lötfett und bringt sie hernach an den verzinnten Lötkolben. Mit einem Papiertaschentuch kann man dann überschüssiges Lötfett vorsorglich abwischen.

Die Transistoren werden ganz zum Schluß eingelötet. Das soll flott geschehen; denn die Transistoren halten Hitze (die von den Beinchen ins Innere geleitet wird) nicht lange aus. Das sorgfältige, vorherige Verzinnen erleichtert das schnelle Anlöten ungemein. Noch ein Tip hierzu: Zuerst lötet man das mittlere der ein wenig auseinander-gespreizten Beinchen

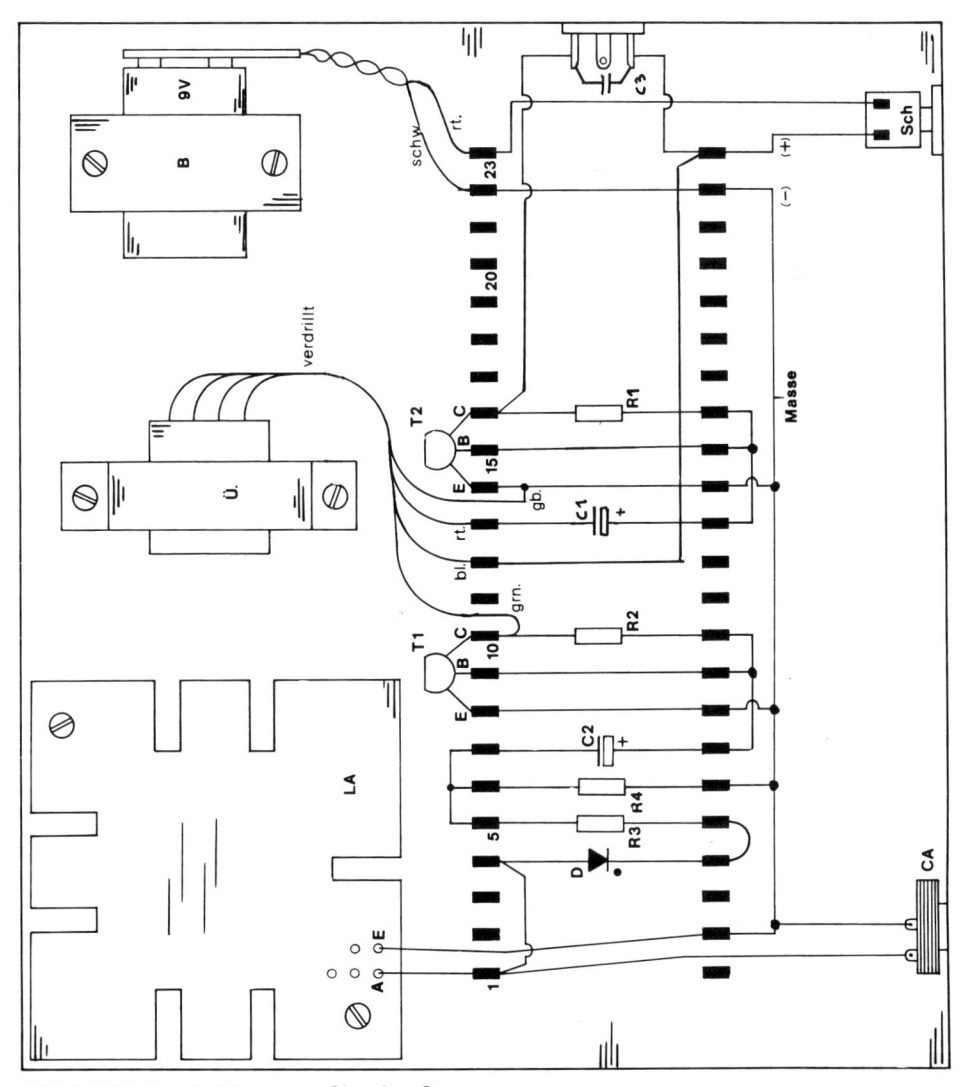

Bild 6.6: Die Verdrahtung von Simplex-2

an (mit einer Pinzette halten), dann ist nämlich der Transistor schon fest plaziert, wenn man die äußeren Beinchen anlötet. Nun ein klein wenig Theorie; ohne die geht es bei einer ernsthaften Beschäftigung mit der Elektronik leider nicht. Aber keine Bange, so schlimm wird es gar nicht.

Wir wollen jetzt erfahren, wie eigentlich genau die verschieden großen Stromverstärkungen unserer Transistoren in ihren Auswirkungen auf die Funktionen der Schaltungen ausgeglichen werden. Hierzu nehmen wir Bild 6.4 nochmal her und lesen zuerst den Text dazu nochmals durch. Weiter müssen wir noch wissen, daß der Kollektorstrom eines Transistors ansteigt, wenn vorher der Basistrom auf irgendeine Weise angestiegen ist. Diese Tatsache ist sehr wichtig für das Verstehen jeder Art von Stromverstärkungs-Ausgleich.

Wir nehmen nun zunächst einmal an, daß der Transistor in Bild 6.4 exakt die mittlere Stromverstärkung von 325 hat (die ja den Berechnungen zugrundegelegt wurde) und daß demgemäß an seinem Kollektor die erstrebte Spannung von 5 Volt gegen Masse ansteht. So etwas nennt man einen Soll-Zustand. Würden wir nun einen anderen Transistor mit höherer Stromverstärkung als 325 einlöten, z.B. mit einem H_{FE} von 400, so würde durch RV der Basis des Transistors mehr Basistrom zugeführt werden, als es für die Erzeugung des Kollektorstromes von 3,33 mA erforderlich ist. Also steigt nun der Kollektorstrom an. Aber dadurch wird nun der Spannungsabfall an RL größer (Ohmsches Gesetz) und die Kollektorspannung von ursprünglich 5 Volt gegen Masse bewegt sich nach unten. Dadurch wiederum wird nun auch der Basisstrom niedriger! Und das nun wirkt dem vorherigen Anstieg des Kollektorstromes entgegen. Auf diese Weise werden die sehr unterschiedlichen Stromverstärkungen der einzelnen Transistoren so weit „kompensiert", daß nur noch eine geringe Änderung der Kollektorspannung übrig bleibt. Das geht natürlich in der Wirklichkeit außerordentlich schnell vor sich und nicht so stufig, wie eben geschildert und zur Erklärung dieses Vorganges (und vieler anderer in der Elektronik) erforderlich war.

Bild 6.7 zeigt uns ganz anschaulich, was sich bei unterschiedlichen Stromverstärkungen H_{FE} für Kollektorspannungen U_C einstellen. Bild 6.7 ist ein sogenanntes „Diagramm". Auf dessen waagerechter Achse (auch x-Achse oder „Abszisse" genannt) sind die unterschiedlichen Stromverstärkungswerte H_{FE} aufgetragen; auf der senkrechten Achse (auch y-Achse oder „Ordinate" genannt) die Werte der sich einstellenden Kollektorspannungen U_C. Die leicht geschwungene Linie, die Meßkurve, verbindet nun eine Reihe von (nicht mehr sichtbaren) Meßpunkten, die sich bei einer Reihe von Messungen mit Transistoren unterschiedlicher Stromverstärkung ergeben haben. Beispielsweise ergab sich zu einem H_{FE}-Wert von 340 eine Kollektorspannung U_C von rund 5,3 Volt. Dies ist durch die gestrichelt eingezeichneten Linien besonders angedeutet. Man kann nun an der Meßkurve für jeden anderen H_{FE}-Wert (oder B-Wert) die sich dann einstellende Kollektorspannung U_C ablesen. Damit man immer weiß, unter welchen Bedingungen eine Meßkurve aufgenommen wurde, zeichnet man oft das Wesentliche der Schaltung mit ein, wie in Bild 6.7 rechts oben geschehen. Man kann daher aus solchen Diagrammen sehr viel herauslesen. Besser als aus langen Tabellen; und man sieht auf einen Blick die Art und Weise, wie sich eine Größe ändert, wenn sich eine andere Größe ändert, wie hier der Stromverstärkungsfaktor.

Als Ergebnis entnehmen wir aus Bild 6.7 für uns, daß sich die Kollektorspannung U_C nur von rd. 7 Volt auf rd. 4,6 Volt ändert, wenn man Transistoren mit Stromverstärkungsfaktoren von 160 bis 440 in dieser Schaltung durchmißt. Ist das nicht viel für diese elegante, einfache Schaltung? Für ganz Schlaue: Man könnte mit diesem Diagramm die Stromverstärkungsfaktoren unbekannter Transistoren ermitteln, wenn man diese nacheinander in eine passende Steckfassung einsteckt und mit einem genau ablesbaren Voltmeter die sich einstellende Kollektorspannung mißt ...! Das wollen wir hier nicht tun (es gibt bequemere Schaltungen hierfür), aber ein geeignetes Meßinstrument hierfür kennenlernen, mit dem man noch vieles andere messen und ablesen kann.

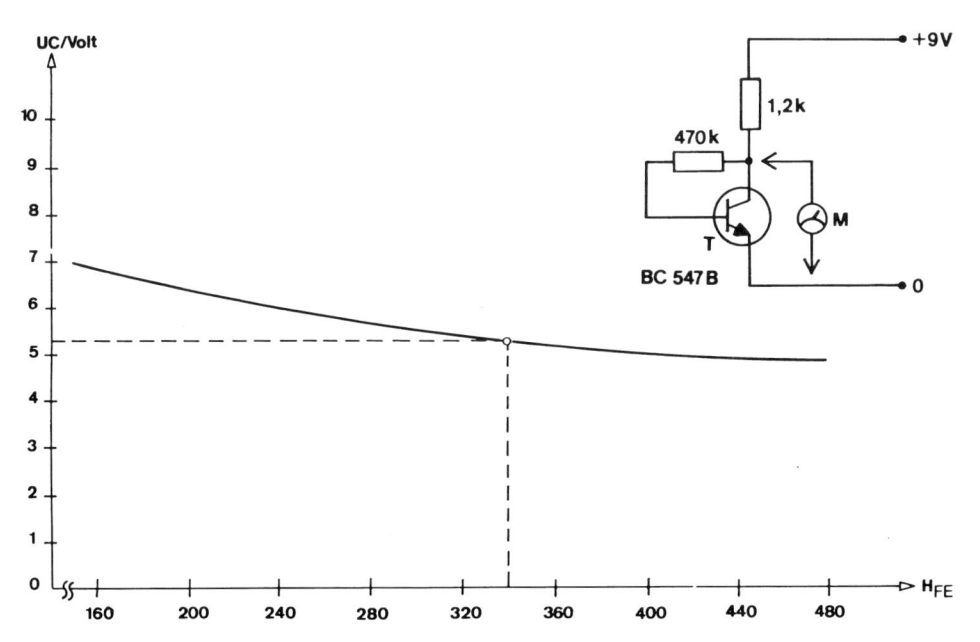

Bild 6.7: Wirkungsdiagramm für unterschiedliche Stromverstärkungen bipolarer Transistoren

Das Digital-Multimeter

Wir verwenden den Typ „Metex M 3650", *Bild 6.8*. Seine Anschaffung ist nicht unbedingt erforderlich. „Digital" bedeutet hier so viel wie „Ziffer", das kommt vom englischen digit. Digital-Meßinstrumente zeigen daher den Meßwert direkt in Zahlen an, so wie man sie z.B. zum Eintippen in einen Taschenrechner benötigt. Das Gerät hat deswegen auch keinen Zeiger nebst zugehöriger Skala, sondern ein sogenanntes „Display", zu deutsch Sichtfenster. Dieses befindet sich ganz oben im Gerät und wird erst „aktiviert", wenn das Multimeter zum Messen durch den „on-off"-(d.h. Ein-Aus) Druckschalter (links unter dem Display) eingeschaltet wird. Die ganze Messerei erfolgt rein elektronisch und dazu ist eine Batterie eingebaut, die es nach Meß-Ende auszuschalten gilt.

Wenn das Multimeter eingeschaltet wird, erscheint auf dem Display alles (!) Wissenswerte. Nicht nur der eigentliche Zahlenwert, sondern auch die zugehörige Meßart, z.B. mA, kΩ, Hz. Bequemer geht's kaum. Digital-Multimeter sind nach alledem sehr leicht und genau abzulesen, genauer als es mit einem Zeigerinstrument möglich ist. So lassen sich z.B. im Meßbereich „DCV-20" bequem 6,63 Volt ablesen. Dazu haben sie einen sehr hohen Eingangswiderstand von in der Regel 10 MΩ und belasten daher den zu messenden Schaltungsteil praktisch nicht. Bei einer zu messenden Spannung von 1 Volt fließen beispielsweise nur ganze 0,1 Mikroampere ins Multimeter! Wir können daher bequem auch die an den Basisanschlüssen unserer Transistoren T 1 und T 2 anstehenden Basis-Emitter-Spannungen messen. Wir messen an T 1 0,63 Volt und an T 2 0,67 Volt. Die Spannung an T 2 ist deswegen höher, als die an der Basis von T 1, weil bei T 2 der Kollektorstrom

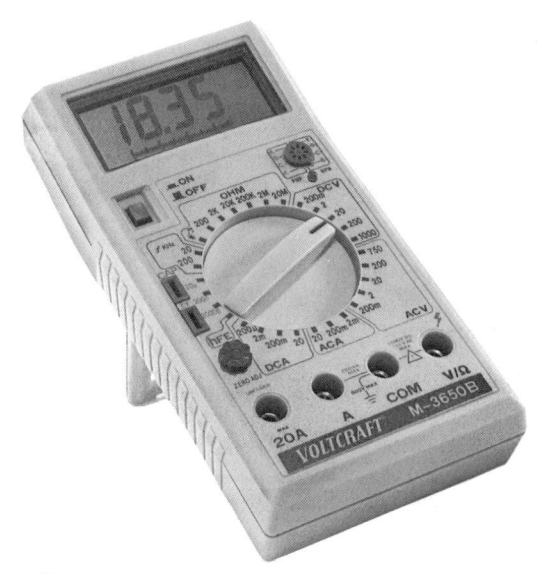

Bild 6.8: Ansicht des Digital-Multimeters „METEX M 3650"

und damit auch der dazu nötige Basisstrom höher ist als bei T 1. Dadurch wird an der Widerstandsstrecke Basis – Emitter im Transistor auch eine entsprechend höhere Spannung hervorgerufen. Sodann können wir mit unserem Digital-Multimeter selbstverständlich die Kollektorspannungen U_C der beiden Transistoren messen. Sie betragen im Mustergerät bei T 1 4,30 Volt und bei T 2 4,66 Volt. (Auch wieder etwa die halbe Batteriespannung!). Schließlich kann mit unserem Digital-Multimeter noch gemessen werden: Kapazitäten, Frequenzen (bis 200 kHz), Widerstände und die Stromverstärkungsfaktoren H_{FE} von Transistoren (!). Es soll hier nicht auf all das eingegangen werden, vielmehr wird auf die Bedienungsanleitung und das allgemein zu Messungen in ,,Simplex 1" Gesagte verwiesen.

Die Meßfassung für die Transistormessung befindet sich unter dem Display, rechts. Dort sind zwei Buchstabengruppen angegeben, PNP und NPN. Dazu sei hier nur so viel angedeutet, daß es zwei Arten bipolarer Transistoren gibt, die sich durch die angelegten Polaritäten der Versorgungsspannung unterscheiden. Bei den PNP-Transistoren gehört Plus der Batterie (o.ä.) an Masse und Minus an den Kollektor, bei NPN-Transistoren, wie bei unseren T 1 und T 2, Minus an Masse und Plus an den Kollektor. Man merkt sich das am einfachsten so: Der erste der drei Buchstaben bezeichnet immer denjenigen Batteriepol, der an Masse (=Emitter) liegen muß. Also bei NPN der negative Pol (=Minus) und bei PNP der positive Pol (=Plus).

Kleines Experiment mit Simplex 2

Bevor wir weitere interessante Schaltungen mit bipolaren Transistoren kennenlernen, wollen wir mit der Grundschaltung von Simplex 2 noch ein kleines, lehrreiches Experiment machen. Der Widerstand R 3, Bild 6.5, wurde vorgesehen, damit der niedrige (Wechselstrom-) Widerstand von T 1 mit ca. 8 kΩ den Schwingkreis LA/CA nicht zu stark bedämpft. Mit R 2 ,,sieht" dieser Schwingkreis (über die Diode D) immer mindestens 100 kΩ. Dieser Wert ist für eine hinreichende Trennschärfe dieses Schwingkreises notwendig. An der Skala von CA merken wir dies daran, daß beim Wegdrehen vom Empfangsmaximum eines Senders nach kurzem Weg der Sender nicht mehr hörbar ist. Ganz besonders beim Empfang ohne ein gutes Gegengewicht kann man das deutlich feststellen. Ausprobieren!

Was geschieht nun, wenn wir anstelle von R 3 einen einfachen Draht einlöten? Nun, zunächst einmal wird der Empfang lauter. Das bedeutet, daß die ,,Energie"-Übertragung vom Schwingkreis auf die Steuerelektrode des Transistors, also auf den ,,Transistor-Eingang", besser ist. Gleichzeitig ist aber der Sender noch ,,weiter weg" vom Maximalpunkt zu hören. Die Abstimmung wird ,,breiter", eben durch die starke Bedämpfung des Schwingkreises. Und starke benachbarte Sender ,,schlagen durch".
Es gibt da den Begriff der ,,Güte" eines Schwingkreises. Sie ist, grob gesagt, um so größer, je schneller der Empfang eines Senders zu beiden Seiten des Maximums hin verschwindet. Näheres hierzu wollen wir uns ersparen, denn dies ist ja ganz offensichtlich. Diese Güte kann man nun auf rein elektronische Weise um mehr als das 10fache erhöhen! In ,,Simplex 1-extra" hatten wir die Trennschärfe durch die ,,Rückkopplung" enorm erhöht. Das war nichts anderes als eine große Steigerung der Güte des Schwingkreises

durch diese Rückkopplung! Das könnten wir hier auch so machen..., wollen dies aber nicht tun. Denn für uns soll der Schwingkreis LA/CA mitsamt T 1 und dessen Beschaltung nur Mittel zum Zweck sein, auf einfache, prägnante Weise die grundlegenden Schaltungsmöglichkeiten mit den bipolaren Transistoren „in den Griff" zu bekommen.

Die Lautstärke wird einstellbar gemacht

Das geschieht hier grundsätzlich auf die gleiche Weise, wie seinerzeit bei „Simplex 1-extra". Die Frontplatte unserer Radio-Bank erhält dazu zwei weitere Bohrungen mit 10 mm. (Eine davon davon brauchen wir später.) Die Maße dazu zeigt *Bild 6.9.* Auf weitere mechanische Dinge wollen wir nun nicht mehr eingehen.

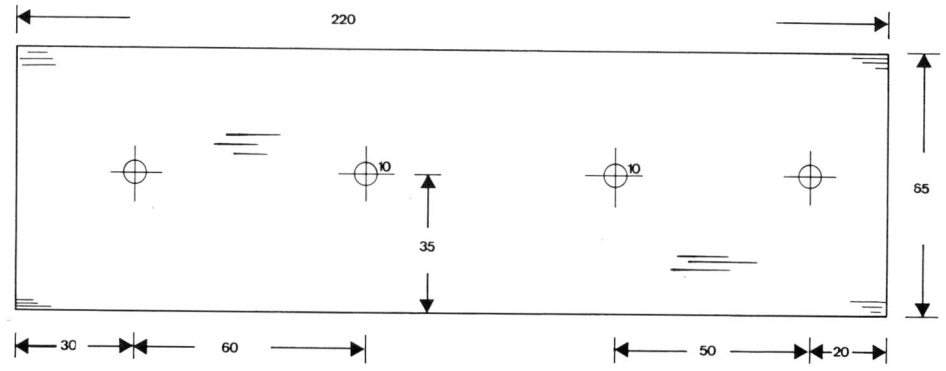

Bild 6.9: Ergänzende Bohrungen für die Frontplatte

Bild 6.10 zeigt T 2 mit seiner Beschaltung zur Lautstärkeeinstellung. Dazu dient das Potentiometer P 1. Es muß wieder (wie bei Simplex 1-extra) eine logarithmische Kennlinie haben, entsprechend der Ohr-Empfindlichkeitskurve. Damit die Zuführung des Basis-Vorstromes über R 1 nicht beeinflußt wird, muß P 1 links vom Koppelkondensator C 1 eingefügt werden, also „gleichstromfrei". Das ist stets zu beachten beim Umgang mit bipolaren Transistoren.

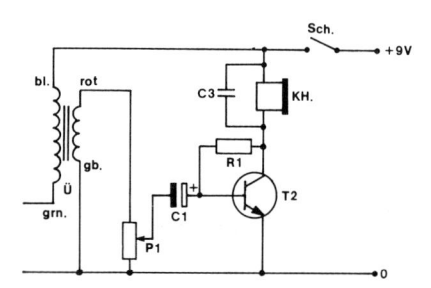

Bild 6.10: Lautstärkeeinstellung bei bipolaren Transistoren

Gegenüber den Verhältnissen bei FETs muß P 1 hier wesentlich niederohmiger sein, so um 10 kΩ. Der Grund liegt darin, daß hier der Wechselstrom-Eingangswiderstand von T 2 mit ca. 2,5 kΩ im Unterschied zu Feldeffekt-Transistoren sehr niedrig ist. Dem muß nun der Wert von P 1 angepaßt werden. Wie leicht ersichtlich, kann man mit dem Schleifer von P 1 wieder unterschiedlich hohe NF-Spannungen abgreifen. Die NF-Spannung ist um so höher, je „weiter oben" der Schleifer steht.

Zur Realisierung der Lautstärkeeinstellung sucht man sich auf der Radio-Bank wieder ein paar freie Lötösen. Hier sind die Lötösen 11 und 11 a auf jeden Fall noch frei. Also löten wir den roten Anschlußdraht des NF-Trafos Ü von der Lötöse 13 ab und an Nr. 11 an. Von da geht's zum heißen Anschluß von P 1 und von dessen Schleifer zurück zur Lötöse 13. Der dritte Anschluß von P 1 kommt dann an die Masseleitung. In welche der beiden zusätzlichen Löcher der Frontplatte P 1 eingesetzt wird, ist egal („unbeachtlich"); wir nehmen das Linke. Auf die Abbildung eines Verdrahtungsplanes um P 1 wollen wir an dieser Stelle verzichten; am Schluß folgt zusammen mit einem 3-Transistor-Gesamtschaltbild auch ein kompletter Verdrahtungsplan. Hier ist vielmehr wieder etwas Theorie erforderlich, um die bipolaren Transistoren noch ein wenig näher kennenzulernen. Dazu müssen wir uns Text und Bilder aus Simplex 2 nochmals vornehmen.

Wir betrachten die Bilder 6.4 und 6.7 von Simplex 2 sowie den zugehörigen Text. Der Widerstand von 470 kΩ zwischen Kollektor und Basis hatte bereits schon zwei Aufgaben zu erfüllen. Zu Bild 6.4 wurde erläutert, wie dieser Widerstand RV der Basis des Transistors einen bestimmten Vorstrom zuführt, damit ein gewünschter Kollektorstrom fließt und demzufolge auch ein bestimmter Spannungsabfall am Kollektorwiderstand entsteht. Zu Bild 6.7 von Simplex 2 wurde dargelegt, daß dieser Widerstand auch dazu dient, unterschiedliche Stromverstärkungen B (oder H_{FE}) von Transistoren in ihren Auswirkungen zu kompensieren. Das Diagramm in Bild 6.7 machte dies besonders deutlich. Die Wirkungsweise war kurz so (unbedingt nachlesen): Beim Einsatz eines Transistors mit höherer Stromverstärkung, als bei der Berechnung zugrundegelegt, würde der Basis ein höherer Vorstrom zugeführt als erforderlich. Dadurch würde dieser Transistor einen höheren Kollektorstrom ziehen als geplant. Dieser wiederum würde einen entsprechend höheren Spannungsabfall am Kollektorwiderstand hervorrufen und damit auch ein Absinken der Kollektorspannung gegen Masse. Dadurch nun würde (wieder nach dem Ohmschen Gesetz) auch der Vorstrom durch RV geringer und damit letztlich auch der ursprünglich zu hohe Kollektorstrom. Mit anderen Worten: Ein vom Sollwert abweichender Kollektorstrom kompensiert sich über den Verbindungswiderstand zwischen Kollektor und Basis selbst! Dabei ist es eigentlich egal, was dieser Abweichung zugrundeliegt. Dieser Umstand ist sehr wichtig.

Denn es gibt eine ärgerliche Eigenschaft von bipolaren Transistoren, die auch noch kompensiert werden muß: Ihre thermische Instabilität. Das bedeutet: Der Kollektorstrom, den ein bipolarer Transistor zieht, ist nicht nur abhängig von dem seiner Basis zugeführten Vorstrom, sondern auch von der Umgebungstemperatur, in der sich der Transistor befindet. Diese kann durchaus hoch sein. Etwa im Innenraum eines in der Sonne stehenden Autos oder bei Kofferradios auf der Sonnenwiese. Das Dumme daran ist, daß sich der Kollektorstrom bei steigender Temperatur selbst lawinenartig verstärken kann („der Transistor läuft weg"), wenn man nichts dagegen tut. Dagegen tut nun der Widerstand zwischen Kollektor und Basis (R 1 in Bild 6.10) etwas. Würde der Kollektorstrom durch steigende Temperatur ansteigen, so würde dies ebenso automatisch kompensiert, wie die unterschiedlichen Stromverstärkungen von Transistoren. Denn für den elektrischen Kompensations-Mechanismus ist es gleich, wie die Erhöhung des Kollektorstromes zustandegekommen ist; im vorherigen Absatz wurde bereits darauf hingewiesen.

Der Widerstand R 1 hat mithin drei Funktionen:
a) Zuführung des Basis-Vorstromes
b) Ausgleich unterschiedlicher Stromverstärkungen von Transistoren
c) Kompensation von Kollektorstromänderungen, welche durch wechselnde Umgebungstemperatur hervorgerufen werden.

Bei dieser zweifellos eleganten Kompensationsmethode ist lediglich nachteilig, daß sie nur bei Schaltungen anwendbar ist, bei denen sich im Kollektorkreis des Transistors ein Ohmscher Widerstand („Gleichstromwiderstand") befindet, wie er in Bild 6.10 durch den Kopfhörer gebildet wird. Denn dieser ist erforderlich, damit an ihm bei Kollektorstrom-Erhöhung auch eine höhere Spannung abfallen kann, welche dann über R 1 die Kompensation bewirkt. Man dimensioniert diesen Widerstand in der Praxis auch so, daß ungefähr die halbe Batteriespannung abfällt.

Nun gibt es aber auch Schaltungen, bei denen im Kollektorkreis ein Schaltungselement liegt, welches einen hohen Wechselstromwiderstand, aber nur einen sehr niedrigen Gleichstromwiderstand hat, auf den es ja hier allein ankommt. Ein solches Schaltungselement ist beispielsweise irgendein Parallel-Schwingkreis aus L und C.

Daher hat man eine weitere Kompensationsmethode erdacht, welche keinen Gleichstromwiderstand im Kollektorkreis benötigt, aber durchaus einen haben könnte. Diese Schaltung zeigt *Bild 6.11*. Dabei sind nur die Gleichstromwiderstände eingezeichnet. Denn man kann eine Schaltung zweistufig betrachten; in Simplex 2 erwähnten wir das schon.

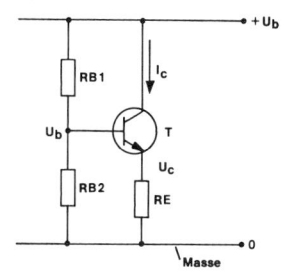

Bild 6.11: Eine andere Kompensationsschaltung für bipolare Transistoren

Gemäß Bild 6.11 ist in der Emitterzuleitung des Transistors T ein Ohmscher Widerstand RE eingefügt. Die Basis liegt an einem Spannungsteiler aus RB 1 und RB 2. Im Kollektorkreis liegt nichts; dafür ist ein Kollektorstrompfeil I_c eingezeichnet. Für den Kompensationsvorgang entscheidend ist einmal das Vorhandensein von RE und weiterhin, daß die Basis-Vorspannung U_b konstant bleibt („festgehalten wird"). Letzteres erreicht man dadurch, daß der „Querstrom" durch RB 1 und RB 2 so hoch gewählt wird, daß der Basis-Vorstrom, der natürlich auch hier über RB 1 in die Basis von T 1 fließt, nur klein ist gegenüber diesem Querstrom. Auf die gar nicht komplizierte Dimensionierung wird weiter hinten eingegangen. Jetzt wollen wir erst mal die Art der Kompensation an sich kennenlernen.

Ausgangspunkt ist wieder der gewünschte Kollektorstrom I_c. Dieser ruft am Emitterwiderstand RE einen bestimmten Spannungsabfall U_c hervor. Dieser ist nun positiv gegen Masse; denn gleichstrommäßig bilden die Strecke Kollektor – Emitter und RE einen Spannungsteiler für die Batteriespannung. Steigt nun aus irgendeinem Grund I_c an, so erhöht sich der Spannungsabfall an RE. Da nun U_b festgehalten ist, bedeutet eine Erhöhung von U_c im Transistor eine Erniedrigung der Spannung U_b gegenüber U_c. Dadurch wiederum wird der Kollektorstrom I_c verringert, also dessen vorheriger Anstieg kompensiert, wie angestrebt! Nicht nur eine Verringerung des Basis-Vorstromes bringt eine Erniedrigung des Kollektorstromes, sondern auch eine Verringerung der Basis-Vorspannung. Spannung und Strom hängen immer zusammen: Ohne Spannung kein Strom und ohne Strom keine Spannung! Aus dem Ohmschen Gesetz geht das ganz klar hervor. Es kommt immer nur auf die Werte von beiden an und auf den Widerstand, über den beide untrennbar miteinander verkoppelt sind.

Beide Kompensationsmethoden (Bilder) 6.10 und 6.11 ist eines gemeinsam: Durch Widerstände (R 1 bzw. RE) wird vom Ausgang eines Transistors her auf dessen Eingang einer Änderung entgegengewirkt. Man bezeichnet diese Methode daher allgemein als ,,Gegenkopplung". Sie ist das Gegenstück zu einer ,,Mitkopplung", welche vom Ausgang her in unterstützender oder anregender Weise auf den Eingang rückwirkt. Bestes Beispiel hierfür ist die ,,Rückkopplung", wie wir sie in ,,Simplex 1-extra" zur Trennschärfeerhöhung kennengelernt haben. Der eingebürgerte Begriff ,,Rückkopplung" ist dabei aber nicht exakt. Denn sowohl bei einer Gegenkopplung, als auch bei einer Mitkopplung wird vom Ausgang her irgendwie auf den Eingang ,,rückgewirkt", also rückgekoppelt. Leute, die sich exakt ausdrücken wollen, sprechen daher anstatt von ,,Gegenkopplung" von ,,negativer Rückkopplung" und anstatt von ,,Mitkopplung" von ,,positiver Rückkopplung". Das ist aber wiederum umständlich, wenn man, etwa im Labor, bei Erläuterung einer Schaltung das prägende Bauelement kurz benennen will. Man spricht dann doch wieder kurz von ,,Gegenkopplungswiderstand" oder von ,,Rückkopplungsdrehko", wie in ,,Simplex 1-extra". Dieser Ausflug in das Begriffliche war notwendig, um das Wesen dieser beiden Arten auch verbal in den Griff zu bekommen. Denn sowohl Gegenkopplung als auch Rückkopplung sind in der Elektronik sehr häufig anzutreffende Schaltungsmaßnahmen. Auch wir sprechen künftig nur von Gegenkopplung bzw. Rückkopplung.

Da es auf dieser Welt bekanntlich nichts umsonst gibt, hat auch die Kompensationsmethode, nach Bild 6.11, gewisse Nachteile. So ist zunächst ein zusätzlicher Aufwand, gegenüber Bild 6.10, durch RE und RB 2 zu verzeichnen. Schwerwiegender jedoch ist, daß an RE zum guten Funktionieren rund 1 Volt abfallen soll, mindestens aber 0,7 Volt. Diese Spannung fehlt aber dann im Kollektorkreis. Das ist immer dann sehr ärgerlich, wenn man gezwungen ist, mit niedrigen Batteriespannungen von nur wenigen Volt zu arbeiten. Deshalb hat man z.B. in Hörhilfen mit einer Batteriespannung von nur 1,2 Volt stets die Kompensationsschaltung, nach Bild 6.10, verwendet.

Bild 6.11 zeigt nur, wie schon früher erwähnt, das gleichstrommäßige Schaltbild der Kompensationsschaltung. Unser Transistor soll aber eine Wechselspannung verstärken, nämlich die NF. Dazu sind noch ein paar Bauteile erforderlich. Unter Verzicht auf eine weitere Detailschaltung, wollen wir nun in die Vollen gehen und die wechselstrommäßige Beschaltung des Transistors aus Bild 6.11 in einer Gesamtschaltung kennenlernen: Simplex 2-plus.

Simplex 2-plus

Bild 6.12 zeigt die Gesamtschaltung von „Simplex 2-plus". Anknüpfend an Bild 6.11 wollen wir wieder von hinten nach vorn vorgehen. Denn in Bild 6.12 wird T 3 nach der Kompensationsmethode von Bild 6.11 betrieben. R 5 entspricht dabei dem Widerstand RE in Bild 6.11, R 6 entspricht RB 1 und R 7 entspricht RB 2. Im Kollektorkreis von T 3 liegt als Lastwiderstand unser Kopfhörer mit 1200 Ohm Gleichstromwiderstand, also derjenige aus Simplex 2. Neu ist der Kondensator C 4 parallel zum Emitterwiderstand R 5. Er dient dazu, die durch R 5 bewirkte Gegenkopplung für Wechselspannungen aufzuheben. Das erfolgt genau so, wie mit C 6 in Bild 5.13 von Simplex 1-extra. Deshalb soll hier nicht erneut darauf eingegangen werden. Genau wie dort hat C 4 eine Kapazität von 47 µF.

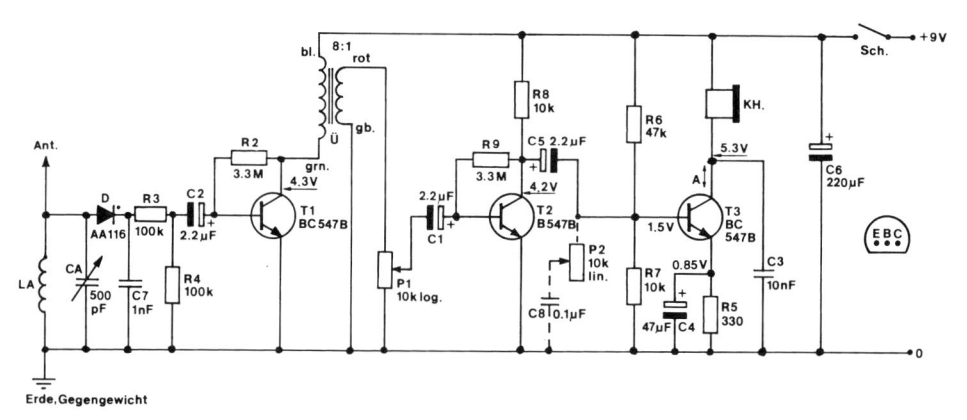

Bild 6.12: Die Gesamtschaltung von Simplex-2 plus

T 3 wird wie T 1 und T 2 an seiner Basis gesteuert. Dazu wird diese in RC-Kopplung an den Kollektor von T 2 angekoppelt. Der Elko C 5 bewirkt eine Abriegelung der Kollektorspannung von T 2 gegenüber der Basis von T 3. Wichtig ist wieder seine richtige Polung. Meistens, wie auch hier, ist die Kollektorspannung von T 2 höher und damit positiver als diejenige der Basis von T 3. Daher muß der Pluspol an den Kollektor von T 2. Es gibt aber heute auch ungepolte Elkos, bei denen diese Frage nicht existiert. Diese sind aber äußerlich etwas größer als die gepolten Typen.

Bei T 2 ist in den Kollektorkreis jetzt der Widerstand R 8 eingesetzt. Mit 10 kΩ hat er in etwa den gleichen Wert wie der Gleichstromwiderstand der Primärwicklung des NF-Trafos Ü. Deswegen erhält der Kompensationswiderstand zwischen Kollektor und Basis von T 2 den neuen Wert von 3,3 MΩ (wie bei T 1) und wird R 9. Auf C 8 und P 2 kommen wir später zurück.

Der Elko C 6 mit 220 µF dient, wie bei Simplex 1-extra, dazu, einen möglichst niedrigen Wechselstromwiderstand der Versorgungsstromquelle, also der 9 V-Batterie, zu garantieren. Würde er fehlen, so könnten sich über den Batterie-Innenwiderstand „wilde

Schwingungen" aufschaukeln. (Näheres hierzu bitte in Simplex 1-extra nachlesen.) C 7 dient zur Ableitung von Hochfrequenzresten, bevor sie an T 1 gelangen können. Bei Einbau einer Rückkopplung darf er deswegen nicht vorgesehen werden!

Analog zur Beschaltung von T 2 in Simplex 2 wollen wir nun die Werte der Bauteile um T 3 ermitteln. Andersherum gesagt: Wie sind die eingezeichneten Bauteilewerte zustandegekommen? Dabei sind wieder ein paar kleine Rechnereien mit dem Ohmschen Gesetz unumgänglich. Hilfe dabei ist ein Taschenrechner. Wichtig ist, daß man wieder die richtigen elektrischen Dimensionen der Werte eintippt, also z.B. die Zahl der Stellen und Nullen hinter einem Komma. Ausgangspunkt ist wieder die Wahl des Arbeitspunktes. In manchen Schaltungen kann man diesen frei wählen, also einen bestimmten Kollektorstromwert vorgeben. Hier müssen wir uns nach dem Widerstand des Kopfhörers richten. Um ja nichts zu vergessen, macht man sich zunächst eine kleine Aufstellung über die vorgegebenen Daten, von denen ausgegangen werden muß.

Gegeben sind hier: a) Batteriespannung U_B von 9 Volt,
b) Kopfhörerwiderstand von 1200 Ohm,
c) Transistor T 3 vom Typ BC 547 B mit einem mittleren B von 325,
d) Spannungsabfall an R 5 von 1 Volt (bitte zurückblättern).

Berechnung des Kollektor-Ruhestromes von T 3

Wegen der Vorgabe in d) beträgt die zur Verfügung stehende Kollektorspannung von T 3 höchstens noch 8 Volt. Denn sein Emitter ist um das eine Volt „hochgesetzt". Das bedeutet mit anderen Worten: Der Punkt A im Kollektorkreis kann bei maximaler Aussteuerung einen Spannungshub von maximal 8 Volt „durchfahren". Damit dies möglich ist, müssen am Kopfhörer KH bei Null-Aussteuerung 4 Volt abfallen oder anstehen, wie man es halt auch nennen mag. Nach dem Ohmschen Gesetz muß dann durch den Kopfhörer KH ein Ruhestrom fließen von 3,3 mA (4 : 1200 = 0,0033). Von diesem Wert muß nun bei den folgenden Berechnungen ausgegangen werden; das ist unser Arbeitspunkt. Dabei darf nicht vergessen werden, daß dieser Ruhestrom auch durch R 5 fließt!

Berechnung von R 5

Die eben ermittelten 3,3 mA sollen an R 5 einen Spannungsabfall von 1 Volt hervorrufen. Demgemäß hat R 5 einen Wert von 303 Ohm zu erhalten (1 : 0,0033 = 303,03). Wir wählen den nächstliegenden Wert aus der Normreihe, das sind 330 Ohm.

Berechnung von R 6 und R 7

Weiter vorn, zu Bild 6.11, wurde erläutert, daß es zur Funktionsweise jener Kompensationsschaltung erforderlich ist, das Basispotential des Transistors festzuhalten. Deshalb ist der Querstrom durch R 6 und R 7, gegenüber dem Basisstrom des Transistors, groß zu wählen.
Wie groß ist dieser nun? Ganz einfach: Kollektor-Ruhestrom geteilt durch Stromverstärkung B. Hier also rund 10 **Mikro**ampere (0,0033 : 325 = 0,0000101). Wir wählen nun einen Querstrom vom 15fachen dieses Basisstromes, das sind 0,15 mA (15 x 0,00001 = 0,00015).

An der Basis von T 3 stehen nun rd. 1,6 Volt, die Basis-Emitter-Schwellenspannung im (!) Transistor selbst von rd. 0,6 Volt, zuzüglich des Spannungsabfalles über R 5 von 1 Volt. Demgemäß teilt sich die Batteriespannung auf in 7,4 Volt über R 6 und 1,6 Volt über R 7. Daher erhält R 6 einen Wert von 47 kΩ (7,4 : 0,00015 = 0,00015 = 10666; gewählt 10000).

Damit sind alle Werte der „passiven Bauteile" um T 3 schon ermittelt. Wir sehen erneut, wie wichtig die perfekte Kenntnis des Ohmschen Gesetzes ist. Die hier und in Simplex 2 (auch in Simplex 1-extra) gebrachten Berechnungen um die Transistoren, sind das A und O eines jeden Umganges mit Transistoren für denjenigen, der sich nicht nur auf einen kochrezept-artigen Nachbau von Bauanleitungen beschränken will! Dann kann man auch bei Schaltbildern, in denen keine Elektrodenpotentiale bei den „aktiven Bauelementen" angegeben sind, abschätzen, wo welche Spannungen ungefähr anliegen müssen. Wer will, kann zum Training auch T 2 mit einer Kompensationsschaltung, nach Bild 6.11, umgeben und die erforderlichen Werte der Widerstände ausrechnen.

Bild 6.13 zeigt einen Verdrahtungsvorschlag von Simplex 2-plus auf der Radio-Bank. Obwohl mehrfach auf Richtigkeit überprüft, sollte sich der Leser zum Training den Sport ma-

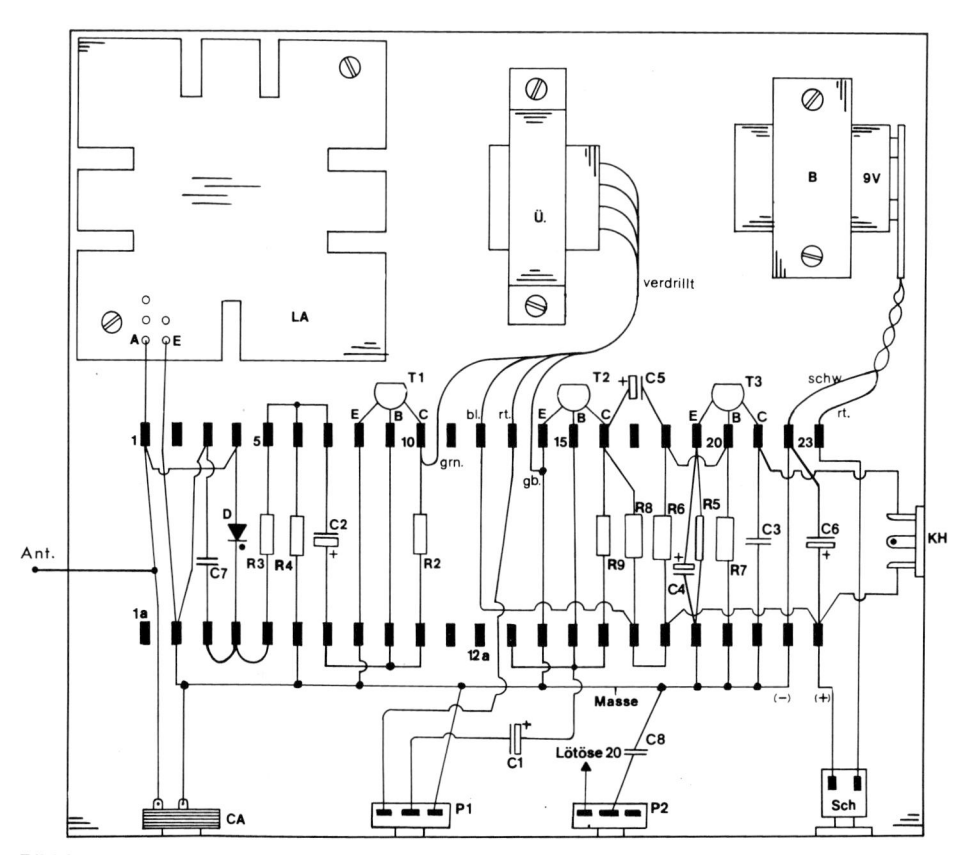

Bild 6.13: Verdrahtungsvorschlag für Simplex-2 plus

chen, die Bilder 6.12 und 6.13 auf gegenseitige Übereinstimmung zu überprüfen. Die in Bild 6.12 ganz rechts gezeichnete Anschlußbelegung der Transistoren ist wieder „von unten" gesehen. Weitere Ausführungen zum Verdrahtungsplan wollen wir uns hier ersparen.

Die Verstärkung von Simplex 2-plus ist sehr hoch. Um sie so weit wie möglich auszunutzen, also im Bedarfsfall P 1 möglichst weit aufdrehen zu können, ist ein gutes Gegengewicht sehr zu empfehlen (Wasserleitung, Zentralheizung).

In allen bisher gebrachten Schaltungen liegt der Kopfhörer KH direkt im Ausgangskreis des Endtransistors. Er wird also vom Ruhe-Gleichstrom durchflossen. Das hat den Vorteil, daß viel NF-Energie auf ihn übertragen wird. Nachteilig sind jedoch Verzerrungen, welche hierdurch bei größeren Amplituden im Kopfhörer entstehen können. Abhilfe könnte ein NF-Trafo zwischen Endtransistor und Kopfhörer bringen. Einfacher und billiger ist jedoch, den Kopfhörer über ein RC-Glied gleichstromfrei einzukoppeln.
Anstelle des Kopfhörers wird in den Kollektorkreis von T 3 ein Ohmscher Widerstand von 1...1,2 kΩ eingesetzt. Der Kopfhörer liegt mit einem Anschluß an Masse, mit dem anderen über einen Elko von 47 µF am Kollektor von T 3 (Polung beachten). Fertig!

Nun kommen wir noch zu C 8 und P 2. Beide zusammen bilden eine „Tonblende". Mit ihnen kann man die hohen Töne ausblenden. Das geht so: Steht der Schleifer von P 2 oben, so liegt C 8 unmittelbar parallel zu R 7. Dadurch werden die hohen Töne von der Basis von T 3 nach Masse abgeleitet; das Klangbild wird dunkler. Steht hingegen der Schleifer von P 2 unten, so liegt P 2 mit seinen 10 kΩ in Serie zu C 8. Dadurch wird dieser praktisch wirkungslos und die hohen Töne werden ungeschwächt übertragen.

Transistortester, Transistortester . . .

In Simplex 1 . . . und Simplex 2 hatten wir je einen Vertreter der wichtigsten Transistortypen kennengelernt. Es waren die sog. Feldeffekt-Transistoren (BF 245) und die „bipolaren Transistoren" (BC 547). Deren wesentlichste Unterschiede in der Ansteuerungsart sollten wir uns gut einprägen und notfalls zurückblättern. Transistoren gibt es heute wie Sand am Meer und dazu für wenig Geld. Man kann sich daher leicht ein paar mehr als Reserve kaufen, als man für eine konkrete Schaltung benötigt.

Wie wir wissen, gibt es die bipolaren Transistoren mit unterschiedlichen Stromverstärkungsfaktoren B. Diese Unterschiede sind wieder mit den Groß-Buchstaben A, B oder C gekennzeichnet. Auch die FETs gibt es oft in drei Abstufungen, welche ebenfalls mit A, B oder C bezeichnet sind. Bei FETs bezeichnen nun diese Buchstaben unterschiedliche Drainströme bei Gate-Vorspannung Null. Diese Drainstromwerte bewegen sich wiederum in bestimmten Bereichen. Beim BF 245 A von 2 . . . 6,5 mA, beim BF 245 B von 6 . . . 15 mA und beim BF 245 C von 12 . . . 25 mA! Wo nun ein gekaufter Transistor tatsächlich „liegt", kann man aus der Bezeichnung leider nicht erkennen. Außerdem erhält man manchmal „Ausreißer". Das sind Typen, deren tatsächliche Werte auch noch außerhalb des aufgedruckten Bereiches liegen. Das gilt sowohl für FETs als auch für die „Bipolaren". Also Unsicherheit an allen Enden? Leider ja! Nur dann nicht, wenn man die Transistoren vor ihrem Einbau durchmißt! Dann weiß man genau, wo man liegt und wenn eine Schaltung nicht so arbeitet, wie beabsichtigt, dann kann es nicht an den Transistoren liegen. Daran kann man wieder die entscheidende Bedeutung des Messens in der Elektronik erkennen.

Glücklicherweise sind Transistortester für unsere Zwecke durchaus nicht kompliziert und lassen sich auch leicht aufbauen. Im einfachsten Fall können wir hierfür unser Multimeter HM 102 BZ verwenden. Wir bringen daher nachstehend zunächst einen kleinen FET-Test-Vorsatz für dieses Multimeter und später die zwei eleganten Meßgeräte „Fetrans" und Bitrans", für beide Transistortypen.

Die Grundschaltung unseres FET-Testers

Bild 7.1 zeigt die einfache Grundschaltung unseres FET-Testers. Der Stromlauf ist leicht zu verstehen. Am Pluspol der Batterie B, mit 9 Volt, liegt das Meßinstrument M. Ihm folgt der Vorwiderstand RV, an dem andererseits die Anschlußklemme D für den Drainanschluß des Prüflings angeschlossen ist. Zwischen dem Minuspol der Batterie und dem Source-Anschluß S des Prüflings sind ein Taster T 1 mit normalerweise offenem Kontaktsatz („Arbeitskontakt") und ein Taster T 2 mit normalerweise geschlossenem Kontaktsatz („Ruhekontakt") eingeschaltet. Letzterer vermag die Überbrückung von einer Siliziumdiode Si.D aufzuheben. Das Gate des Prüflings liegt stets am Minuspol der Batterie, sobald der Taster T 1 gedrückt wird.

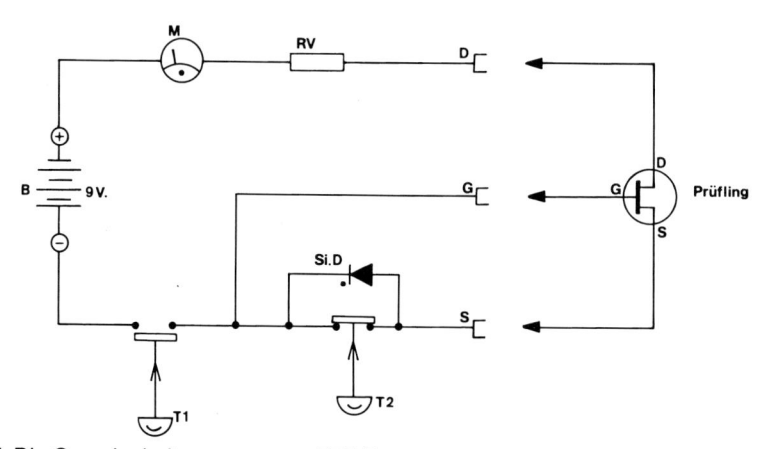

Bild 7.1: Die Grundschaltung unseres FET-Testers

Die Arbeitsweise ist wie folgt: Wenn T 1 gedrückt wird, ist ein Stromfluß über M, RV, die Strecke D-S im Prüfling, S, T 1 und den Minuspol der Batterie möglich; denn T 2 ist ja noch geschlossen. Weil hier das Gate keine Vorspannung erhält, entspricht der vom Instrument M angezeigte Wert dem Drainstrom bei Gatevorspannung Null. Das ist einer der kennzeichnenden Werte. Der andere wird erhalten, wenn zusätzlich (!) noch T 2 gedrückt wird. Dann wird die Siliziumdiode vor dem Source-Anschluß des Prüflings in Wirkung gebracht. Diese ist in Flußrichtung gepolt. Dadurch wird dem Gate eine bestimmte Vorspannung gegenüber der Source des Prüflings erteilt. Wie, das haben wir früher schon gelernt. Kurz: Die Source wird „hochgelegt", dann ist das Gate ihr gegenüber negativ. Deren Höhe wird hier, anstelle des sonst hierfür üblichen Widerstandes, von der Siliziumdiode bestimmt. Ja, das ist möglich und hier von besonderem Vorteil. Eine Diode leitet erst dann nennenswert (!) Strom, wenn eine Spannung (in Flußrichtung) von einer bestimmten Höhe anliegt, die sog. Schwellenspannung. Sie beträgt bei Germaniumdioden etwa 0,3 Volt, bei Siliziumdioden etwa 0,7...0,8 Volt; das hängt vom durchfließenden Strom ab.

Von besonderer Bedeutung für uns ist hier, daß diese Schwellenspannung, also der Spannungsabfall in Flußrichtung, in weitem Bereich ziemlich unabhängig ist von der Größe des durchfließenden Stromes. Das bedeutet im vorliegenden Fall, daß es egal ist, welchen Strom der Prüfling gerade zieht. Ob 3 mA oder 20 mA..., der Spannungsfall liegt stets bei 0,7 Volt. Mit Hilfe der Siliziumdiode hat man also auf einfachste Weise die Möglichkeit, den Drainstrom bei zwei verschiedenen Gate-Vorspannungen zu messen: Bei Null Volt und bei Minus 0,7 Volt.

Die Drainströme bei unseren FETs vom Typ BF 245 und ähnlichen liegen bei 2...25 mA. Hierfür muß das Meßinstrument M bemessen sein. Ein Blick auf unser Multimeter HM 102 BZ zeigt uns, daß es drei Gleichstrom-Meßbereich „DC-mA" besitzt mit 5, 50 und 500 mA. Die Bereiche 5 mA und 50 mA würden für unsere Zwecke passen.

FET-Test-Vorsetzer

Bild 7.2 zeigt seine überaus einfache Schaltung und die Zusammenschaltung mit dem Multimeter HM 102 BZ. Gegenüber Bild 7.1 ist hier ein dritter Drucktaster T 3 vorgesehen. Er überbrückt im Ruhezustand zwei in Serie geschaltete Siliziumdioden. An diesen fallen demgemäß ca. 1,4 V ab. Mit diesem Trick wurden vier (!) Meßpunkte gewonnen. Nämlich bei Gatevorspannung Null; –0,7; –1,4; und –2,1 Volt. Letzterer, wenn T 2 und T 3 gemeinsam gedrückt werden. Der Schutz-Vorwiderstand RV hat mit 68 Ohm eine optimale Größe. Er liegt hier zwischen dem Minusanschluß der Batterie B und T 1. Diese Anordnung ist elektrisch gleichwertig zu der in Bild 7.1; hat aber verdrahtungsmäßig Vorteile, wie später ersichtlich. Die Arbeitsweise der Schaltung, nach Bild 7.2, ist exakt so, wie zu Bild 7.1 beschrieben. Weitere Erläuterungen sind deshalb entbehrlich.

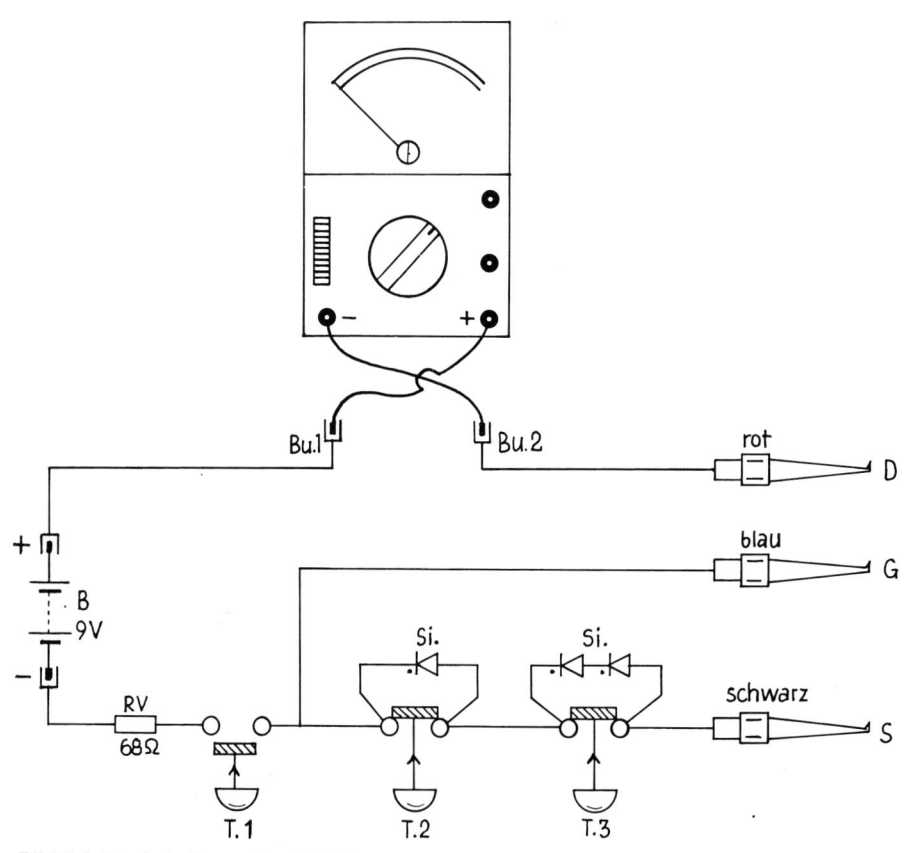

Bild 7.2: Die Schaltung des FET-Vorsetzers

Der Aufbau des FET-Test-Vorsetzers

Bild 7.3 zeigt den Aufbau des Mustergerätes. Es soll nur ein Beispiel dafür sein, wie einfach man elektronische Geräte für den Hausgebrauch, im Sinne einer „Elektronik zum Anfassen", mit Transistoren aufbauen kann. Es sind viele andere Aufbauarten möglich, Vorschläge später.

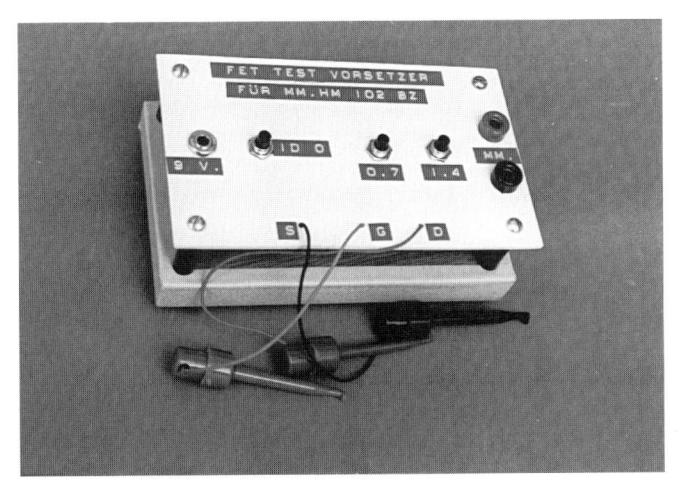

Bild 7.3: Ansicht des FET-Vorsetzers

Von einem gerade vorhandenen Stück 12 mm-Tischlerplatte wurde, mit einem Laubsäge-Holzblatt Nr. 11, ein Stück mit 120 x 70 mm abgeschnitten. Darauf wurde, mit 20 mm-Abstandsröllchen und 30 mm-Holzschrauben (Rundkopf), ein 3 mm starkes Bedienungsbrettchen gleicher Größe festgeschraubt. Das kann aus beliebigem Isoliermaterial sein wie Sperrholz, Plexiglas oder, wie beim Mustergerät, weiße PVC-Dekorplatte.

Zum Anschluß der 9 V-Batterie dient eine 3,5 mm-Klinkenbuchse, wie sie aus Walkmen bekannt sind. Die rote und schwarze Leitung des Batterieclips sind so an den Klinkenstecker anzulöten, daß „Plus" an der Spitze ist. Das alles erscheint zwar primitiv . . ., hat aber Vorteile. Man braucht keinen besonderen Batteriehalter, kann den Zustand der Batterie leicht mit dem Multimeter überprüfen . . . und hat auch dann eine Batterie zur Hand, wenn man mal eine für andere Zwecke braucht und gerade keine hat.

Ganz rechts sind zwei normale 4 mm-Steckbuchsen (rot für Plus, schwarz für Minus) zum Anschluß des Multimeters vorgesehen, dazwischen die drei Drucktaster. Bei diesen sollte man nicht sparen und nur gute Qualität wählen. Die kann man daran erkennen, daß man beim Drücken einen federnden Widerstand fühlt, bei T 2 und T 3 (Öffner) erst mit einem gewissen Druckpunkt.

Die Bezeichnung erfolgte mit 6 mm-Dymo-Prägeband, blau. Dazu muß vorher die Fläche fettfrei gemacht werden (Seifenläppchen). Man kann die Fläche auch direkt mit einem Staedtler-„Lumocolor 313" beschriften. Der hält nach ein paar Stunden unverwischbar fest.

Die drei Drucktasten sind so angeordnet, daß T 1 (L_D0) mit dem linken Ringfinger betätigt werden kann. T 2 und T 3 können dann zusätzlich mit dem Mittelfinger und dem Zeigefinger der linken Hand bedient werden.

Bild 7.4 **zeigt die Bohrungsmaße des Bedienungsbrettes,** *Bild 7.5* die überaus einfache Verdrahtung. Es sind hier keinerlei Lötösen erforderlich ..., alles kann an die Ösen der Drucktaster und Klinkenbuchse und an die 4 mm-Steckbuchsen angelötet werden, auch RV mit 68 Ohm.

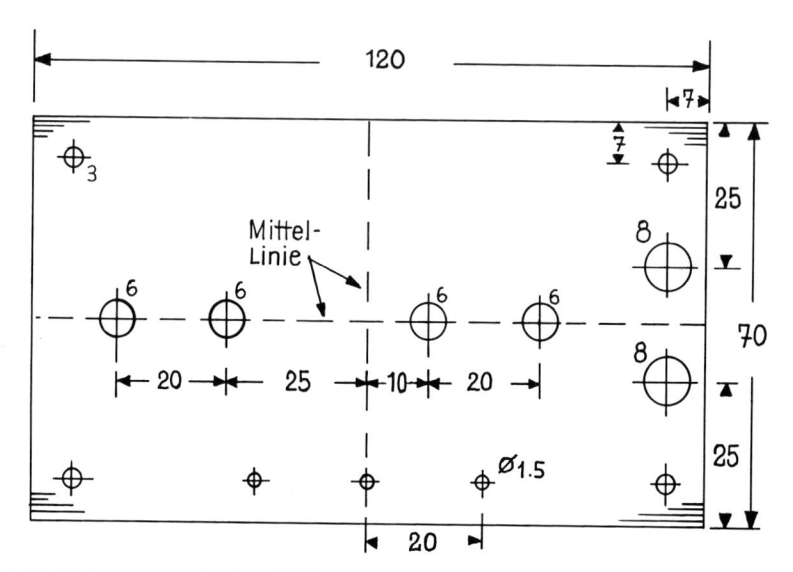

Bild 7.4: Die Bohrungsmaße des FET-Vorsetzers

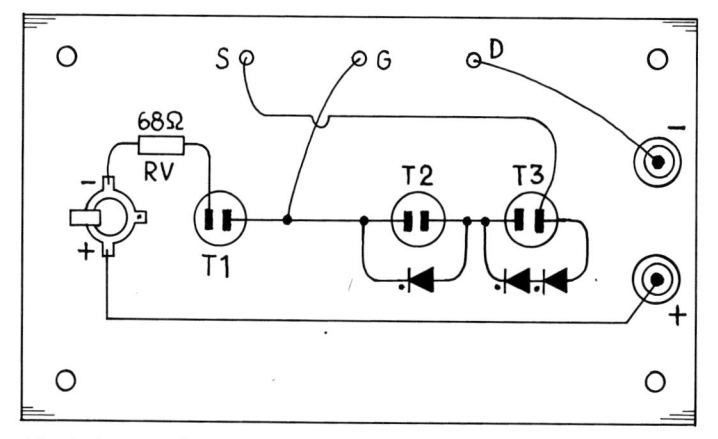

Bild 7.5: Der Verdrahtungsplan des FET-Vorsetzers

Der Aufbau in Bild 7.3 ist nur ein Beispiel für viele Möglichkeiten. Das Grundbrett aus der 12 mm-Tischlerplatte hat eine reine Schutzfunktion . . ., es könnte an sich weggelassen werden. Tut man das, dann kann man für die Bedienungsplatte vier Schrauben M 3 x 25 oder kleine Rundleistenstückchen als Füße vorsehen. Man kann auch alles im Deckel einer kleinen Plastikschachtel unterbringen, die es ja in vielerlei Arten im Handel gibt (Haushaltsgeschäfte), z.B als Seifendosen. Die könnte auch rund sein und die Maße in Bild 7.4 sind absolut nicht bindend . . ., kurz, der Fantasie sind kaum Grenzen gesetzt. Ganz früher hat man gern Zigarrenkisten genommen.

Der Anschluß des Prüflings erfolgt mit einer roten, blauen und schwarzen IC-Prüfspitze. Rot für Drain, blau für Gate und schwarz für Source. Diese Methode hat sich im Laufe der Jahre bestens bewährt, weil man damit die unterschiedlichsten Anschlußarten der Prüflinge erfassen kann. Wer will, kann unter die 12 mm-Grundplatte Papier kleben und darauf die Anschlußarten der am meisten interessierenden FETs aufzeichnen oder derjenigen, die man schon mal verwendet hat.

Die Bedienung des Vorsetzers ist einfach . . ., sie wird schon in Bild 7.1 eingehend erläutert. Es sind nur die Batterie, der Transistor und das Multimeter noch anzuschließen. Bei letzterem schaltet man zunächst auf DC 50 mA und erst später, wenn der Ausschlag zu klein ist, auf DC 5 mA. Nach Testende sollte man das Mulitmeter ausschalten („Off"), damit man bei der nächsten Messung nicht aus Versehen die empfindlichen Strom-Meßbereiche noch eingeschaltet hat.

FETRANS

Die Messungen mit dem eben beschriebenen Vorsetzer, dem Multimeter und der separaten Batterie sind zwar recht genau, aber doch ein wenig umständlich. Dies auch, wenn man die Meßeinrichtung mal zu jemanden mitnehmen will, um dessen FETs durchzumessen. Dafür kostete aber alles nicht viel . . ., denn das Multimeter besitzen wir ja von Anfang an, und es war alles äußerst übersichtlich.

FETRANS ist demgegenüber ein kompaktes Gerät mit „allem drin", dabei aber so klein, daß es kleiner kaum geht. Es verwendet ein eigenes Meßinstrument und ein handelsübliches Kunststoffgehäuse. Hier lernen wir auch noch zwei weitere, aber selten verwendete Typen von FETs kennen.

Die Bedienungsvereinfachung konnte dabei mehr gesteigert werden, als es aus Kostengründen bei handelsüblichen Geräten möglich wäre. Der Bau von FETRANS ist dabei gar nicht kompliziert . . ., nur ist alles etwas kleiner, es geht enger zu und man muß daher besonders sorgfältig arbeiten. Das Gerätchen hat sich beim Autor in jahrelangem Gebrauch bewährt.

Die Schaltung von FETRANS

Bild 7.6 zeigt das komplette Schaltbild von FETRANS.

Die Schaltung ist trotz der vielen Schalterkontakte übersichtlich und entspricht exakt der Grundschaltung in Bild 7.1. Das Meßinstrument hatte ursprünglich einen Vollausschlag

Bild 7.6: Das Schaltbild von FETRANS

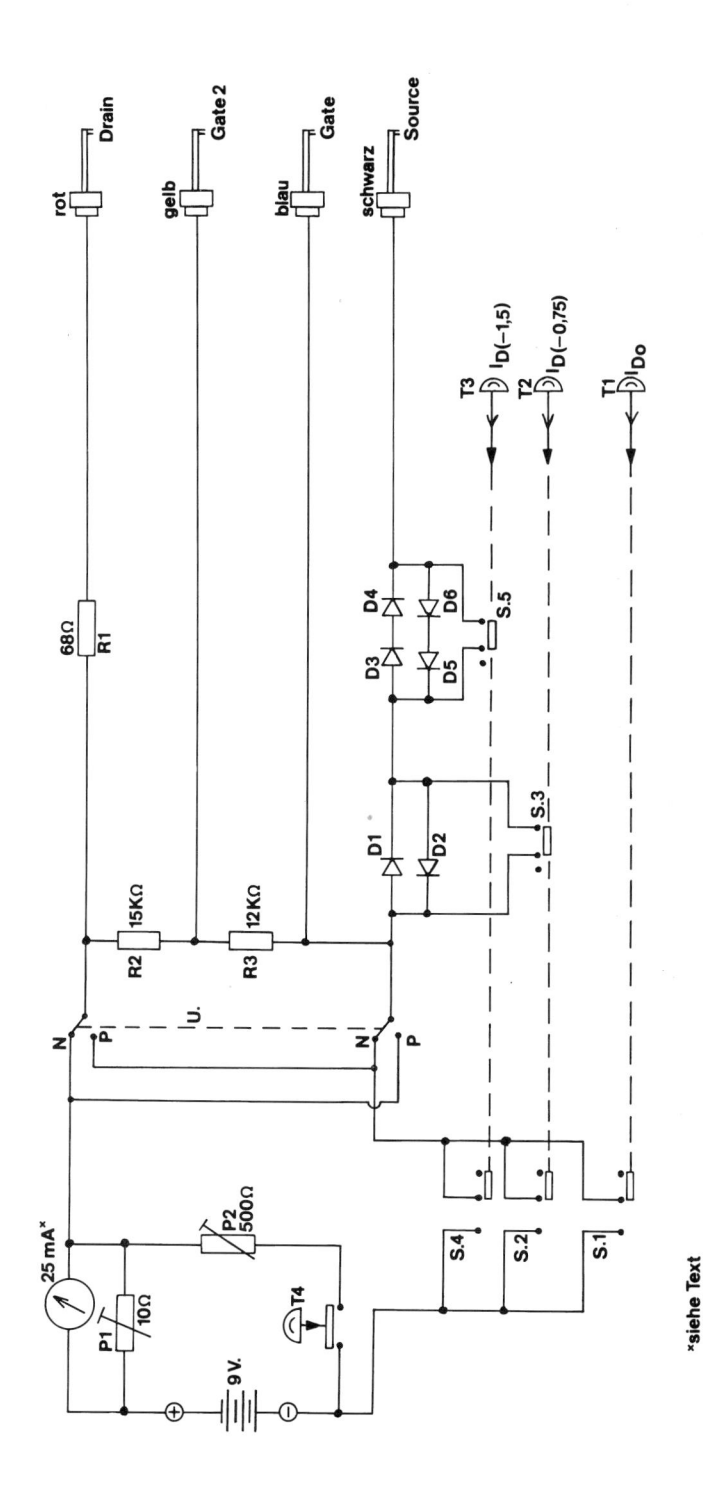

von 10 mA. Mittels P 1 wird der Endausschlag auf 25 mA eingestellt. Die vielen Kontakte sind nur deswegen erforderlich, weil mit ihnen das Gerät zwangsläufig bei jeder Messung eingeschaltet wird. Dazu sind die Kontakte S 1, S 2 und S 4 von jedem der Taster T 1 ... T 3 einander parallel geschaltet. Ein getrennter Einschalter ist deswegen entbehrlich. Dies erleichtert die Bedienung sehr und das Gerät kann nicht versehentlich im eingeschalteten Zustand weggestellt werden. Mit dem Taster T 4 kann über P 2 dem Meßinstrument ein bestimmter Strom zur Überprüfung der Batterie zugeführt werden.

Die eine Vorspannungskombination besteht aus den gegenparallel geschalteten Siliziumdioden D 1 und D 2, die andere aus der Gegenparallelschaltung der Serienschaltungen zweier Siliziumdioden D 3, D 4 bzw. D 5, D 6. Diese Kombinationen sind normalerweise durch die Ruhekontakte S 3 bzw. S 5 überbrückt. Mit U ist ein Kanaltyp-Umschalter bezeichnet. Mit ihm hat es folgende Bewandtnis:

Ein weiterer Grundtyp von FETs.! Wir haben bisher im Typ BF 245 A nur einen der beiden Grundtypen von Feldeffekt-Transistoren kennengelernt, den sog. N-Kanal-Typ. Das ist durch die Fertigungsart bedingt und soll uns hier nicht im einzelnen interessieren. Wir müssen uns nur merken, daß bei diesem N-Kanal-Typ die Source immer an negatives Potential kommen muß. Daneben gibt es auch den weniger verwendeten P-Kanal-Typ. Das „P" sagt uns, daß hier die Source stets an positives Potential kommen muß. Mit dem Umschalter U kann man nun die Batterie mit ihrer Beschaltung leicht in einer der beiden Polungseisen an die Meßschaltung legen. Zum gleichen Zweck sind jeweils die Dioden gegenparallel geschaltet: Egal wie der Umschalter U steht ..., eine der Dioden arbeitet immer in Flußrichtung und sorgt damit für die gewünschte Gate-Vorspannung. Ohne daß hierfür ein besonderer Umschalter erforderlich wäre!

Neu ist auch der Spannungsteiler aus R 2 und R 3. Dieser dient zur Erzeugung einer positiven Vorspannung des Gates 2 von sog. DUAL-Gate-FETs. Die gibt es auch (selten) und ihr Gate 2 muß (bei N-Kanal-Typen) eine positive Vorspannung von rd. 4 Volt erhalten. Der Schutz-Vorwiderstand R 1 ist wieder mit 68 Ohm optimal bemessen und sollte nicht geändert werden.

Die Arbeitsweise von FETRANS

Sie ist nach dem zu Bild 7.1 Gesagten leicht zu verstehen. Zunächst schließt man den Prüfling an die IC-Clips S, G und D an. Bei unbekannten Typen kann man sich hierzu aus einer „Transistor-Vergleichsliste" informieren. Dann drückt man die Taste T 1, dadurch wird nur der Batteriekreis eingeschaltet. Weil S 3 und S 5 geschlossen bleiben, mißt man jetzt den Drainstrom des Prüflings bei Gate-Vorspannung Null. Drückt man hingegen die Taste T 2, so wird zusätzlich mit dem Einschalten des Batteriekreises der Kontakt S 3 geöffnet und die Diodenkombination D 1, D 2 in Wirkung gebracht. Mithin wird hier der Drainstrom bei einer Gate-Vorspannung von −0,75 Volt gemessen. Analog wird mit T 3 die Messung des Drainstromes bei −1,5 Volt ermittelt. Nun kann man T 2 und T 3 gemeinsam drücken. Dann hat man den erwähnten vierten Meßwert, nämlich bei Gatevorspannung −2,25 Volt! Bei DUAL-Gate-FETs ist zusätzlich der Clip Gate-2 anzuschließen. Dann erhält das Gate 2 eine Vorspannung von 4 Volt, entsprechend den Angaben in Datenbüchern (bei N-Kanal-FETs).

Der Aufbau von FETRANS

Als Gehäuse dient ein TEKO-Gehäuse, Typ P 2, mit den Abmessungen 70 x 110 x 45 mm. *Bild 7.7* zeigt das Maßbild der Frontplatte, von vorn gesehen. Man wird jedoch die Maße für die Bohrungen zweckmäßig auf der Rückseite der Frontplatte auftragen und schwach ankörnen. Hierzu legt man die Frontplatte mit der Lackseite unter Zwischenlage dünnen Papiers auf eine ebene, möglichst harte und schwere Unterlage, am besten einen kleinen Tischamboß. Durch dieses Gehäuse sind geringste Abmessungen der Gerätes gegeben, was engen Verhältnissen auf dem Arbeitstisch entgegenkommt. Voraussetzung ist hierzu, daß die Bohrungen recht genau anzubringen sind, sonst „stoßen sich die Dinge im Raum".

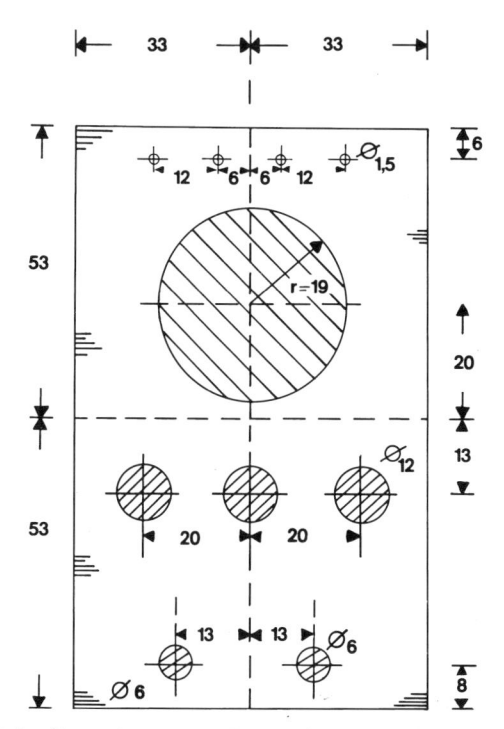

Bild 7.7: Das Maßbild der Frontplatte von FETRANS

Als Meßinstrument wird ein Typ mit 10 mA-Endausschlag verwendet. Weil jedoch ein Endausschlag von 25 mA erforderlich ist, wird der Meßbereich durch einen Parallelwiderstand von ca. 2,6 Ohm erweitert, welcher 15 mA am Instrument vorbeileitet. Man nimmt hierzu am besten einen Spindeltrimmer von 10 Ohm. Man kann sich den benötigten Wert auch mit dünnem Widerstandsdraht freitragend anfertigen (umständlicher).

Beim Mustergerät wurde die Skalenbeschriftung entfernt und neue Werte mit Anreibe-Buchstaben aufgetragen. Das sieht natürlich schön und „professionell" aus, ist aber nur versierten Leuten mit sehr ruhiger Hand zu empfehlen. Einfacher ist folgendes: Man läßt das Meßinstrument so wie es ist und klebt auf den unteren Rand des Skalenglases einen Streifen 6 mm-breiten Dymo-Prägebandes mit folgendem Text: „Wert x 2.5". Industrielabors machen das bei Eigenbau-Meßgeräten auch so . . ., und man sollte nicht dem Ehrgeiz unterliegen, die Geräte so „schön" bauen zu wollen, wie die Firmen, die Meßgeräte verkaufen. Für uns sollte eine einwandfreie Funktion und klare eindeutige Beschriftung maßgebend sein.

Für T 1 und T 3 werden Drucktaster mit Kontaktbestückung 4 x UM verwendet. Diese gibt es leider nur mit Rastung. Sie sind daher so umzurüsten, daß sie nach Betätigung wieder in die Ausgangslage zurückkehren. Dazu nimmt man sie zwischen Daumen und Zeigefinger der linken Hand, mit der Lötösenseite (nicht mit den „Spießchen") dem Betrachter zugewendet und drückt den Tastenknopf ein. Sodann hebt man den Haken der Drahtfeder mit einer spitzen Zange aus der Steuerkurve heraus (Knopf dabei nicht loslassen) und legt den Federhaken so an die rechte Wandung an, daß er dort verbleibt. Nun hat man einen „Impulstaster". Zum Schluß werden die Spießchen auf der anderen Seite des Schalterkörpers ganz nahe am Schalterkörper abgezwickt.

Zum Anschluß des Prüflings werden wieder IC-Clips in vier verschiedenen Farben verwendet. Die Anschlußleitungen sind wieder dünne handelsübliche Litzen, mit einem Außendurchmesser von 1 mm.

Für die Herstellung der 12 mm-Bohrung eignen sich am besten die sog. Rekordlocher. Man braucht dann nur ein 6 mm-Loch vorzubohren. Den Ausschnitt für das Meßinstrument sägt man mit der Laubsäge aus.

Die Verdrahtung

Bild 7.8 zeigt einen Blick in die Verdrahtung. Von den je vier Umschaltkontakten der Drucktaster T 1, T 2 und T 3 werden höchstens zwei benötigt. Daher konnten die übrigbleibenden als Lötstützpunkt verwendet werden.

Bild 7.9 zeigt den Verdrahtungsplan des Gerätchens (über das Instrument hinweg auf die Lötösen der Umschalter gesehen). Man baut zunächst das Meßinstrument noch nicht ein und beginnt mit den Drahtbrücken zwischen den parallel liegenden Einschaltkontakten. Am besten geht das mit blankem versilbertem oder verzinntem 0,5 mm-Schaltdraht, der mit 0,5 mm-Isolierschlauch überzogen wird. Die Anschlußdrähte der Dioden und Widerstände sind so zu kürzen, daß die Teile zwischen den Schalterkörpern angeordnet werden können. Man muß da vor dem Einlöten ein wenig probieren. Der Einstellwiderstand P 2 wird mit einem Anschluß so am N-P-Umschalter U angelötet, daß sein Widerstandswert bei Rechtsdrehung kleiner wird. Der Einstellwiderstand P 1 wird direkt an die Anschlußklemmen des Meßinstrumentes angeschlossen. Am besten über zweifahnige Lötösen unter den Anschlußklemmen des Meßinstrumentes. P 1 ist dabei so einzulöten, daß sein Widerstandswert bei Rechtsdrehung größer wird. Die Anschlußleitungen des Batterieclips kommen ganz zum Schluß dran.

Justierung von P 1 und P 2

Diese Arbeiten beschränken sich auf P 1 und P 2; es sind keine besonderen Meßmittel erforderlich, außer unserem Multimeter HM 102 BZ. Es ist eine frische Batterie einzusetzen. Die Gebrauchslage des Gerätes ist senkrecht; daher sind alle Justierungen bei senkrecht gehaltenem Gerät durchzuführen.

Zuerst ist nach Drücken einer beliebigen Taste T 1...T 3 das Meßinstrument an seiner Nullstellungsschraube unter der Instrumentenskala auf Skalen-Null zu stellen; der vorhandene kleine Zeigerausschlag von ca. 1/2 Skalenstrich kommt von dem kleinen Querstrom durch den Spannungsteiler R 2, R 3 her, die beiden aber im Interesse stabiler Messungen von DUAL-Gate-FETs nicht höherohmig sein sollten.

Sodann ist das Meßinstrument auf 25 mA-Endausschlag einzustellen. Hierzu ist zuerst P 1 fast ganz nach links zu drehen, so daß nur ein kleiner Widerstandswert wirksam ist. Zwischen dem roten und schwarzen Anschlußclip ist dann unser Multimeter, in Serie mit einem 1 kΩ-Potentiometer, anzuschließen. Dieses ist auf maximalen Ohmwert einzustellen. Bei senkrecht gehaltenem Gerät verdreht man nun langsam das 1 kΩ-Potentiometer, bis das Multimeter 25 mA anzeigt (Meßbereich 50 mA DC). Nun wird P 1 verdreht, bis das

Bild 7.8: Blick in die Verdrahtung von FETRANS

Meßinstrument des Gerätes auf Vollausschlag steht. Beide Vorgänge beeinflussen sich gegenseitig ein wenig; sie müssen daher ein paar Mal wiederholt werden.

Für die Einstellung der Batteriekontrolle stellt man P 2 zunächst ganz nach links (größter Ohmwert). Dann drückt man T 4 und stellt mit P 2 Vollausschlag ein.

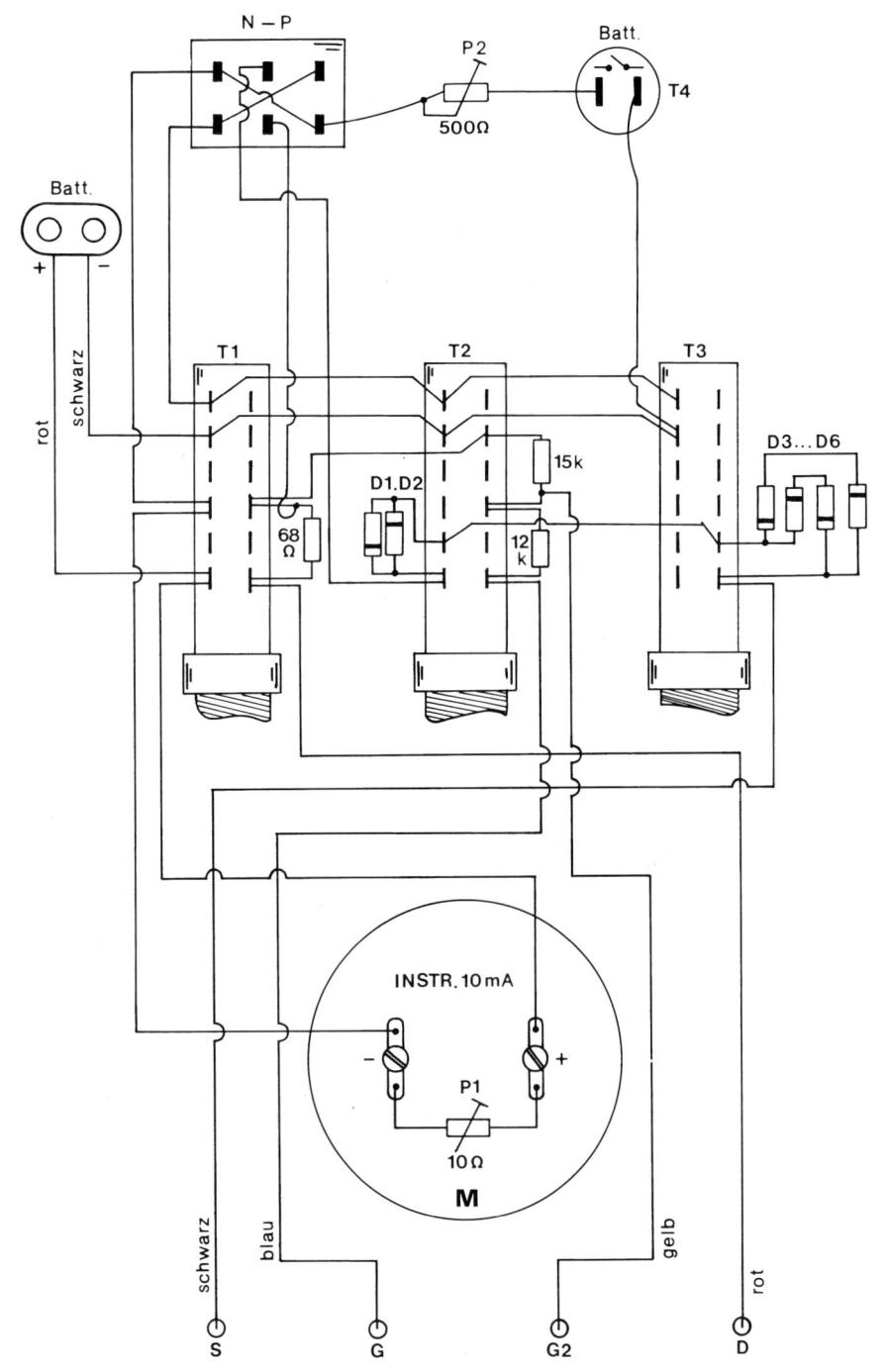

Bild 7.9: Der Verdrahtungsplan von FETRANS

Sonstiges zu FETRANS

Die Batterie muß beim Zusammenbau des Gerätes unter den N-P-N-Umschalter (bzw. T 4) zu liegen kommen; denn nur dort ist Platz. Man kann sie zur Isolation mit einigen Lagen Papier umwickeln. Eleganter ist, im Gehäuse, in den seitlichen Führungsnuten, ein Stück Platine oder dergl. von ca. 30 x 66 mm (einpassen) als Zwischenwand einzuschieben, *Bild 7.10*.

Bild 7.10: Das Batteriefach

Die Beschriftung der Frontplatte erfolgt mit Anreibebuchstaben, dies muß vor dem Einbau der Teile geschehen. Wer eine ruhige Hand hat, kann die Bezeichnungen auch mit einem feinen Pinsel und Farbe direkt aufmalen (vorher ein wenig üben) . . ., es gibt da wahre Künstler.

Bild 7.11 zeigt das fertige Gerät FETRANS. Die gegenüber dem Vorsetzer etwas höheren Gate-Spannungsangaben beziehen sich auf Vollausschlag des Meßinstrumentes. Bei Nachbau sollte man jedoch die Werte vom Vorsetzer nehmen, weil man die FETs ja oft nur mit ein paar Milliampere arbeiten lassen wird.

Bild 7.11: Ansicht des fertigen FETRANS

Weitere Meßmöglichkeiten mit FETRANS

Mit FETRANS können Feldeffekt-Transistoren nicht nur an vier Arbeitspunkten gemessen werden, sondern an beliebigen Arbeitspunkten. Am einfachsten geschieht dies über verschiedene Source-Vorwiderstände. Man hat dann gleich die passenden Ohmwerte für gewünschte Arbeitspunkte zur Verfügung. Hierzu ist nicht viel erforderlich. Es ist nur notwendig, zwischen dem schwarzen Source-Clip des FETRANS und dem Source-Beinchen des FETs Widerstände verschiedenen Ohmwertes zwischenzuschalten. Dazu fertigt man sich zweckmäßig eine kurze schwarze Strippe mit zwei scharzen IC-Clips an den Enden an. Diese klemmt man mit einem Ende an das Source-Beinchen des Transistors an und hat am Ende zwei freie IC-Clips zur Verfügung, an die man bequem die verschiedenen Widerstände anklemmen kann. Zum Messen darf dann aber nur die Taste I_{Do} gedrückt werden. Warum wohl? Bitte nachdenken – Gedankentraining!

Die Werte von Source-Widerständen einerseits und den sich einstellenden Drainströmen andererseits kann man am einfachsten in Tabellen festhalten. Gebräuchlicher sind aber grafische Darstellungen, also Diagramme. Näheres zu Diagrammen siehe Bild 6.7. *Bild 7.12* zeigt die Kurven der FETs BF 245 A und BF 245 B. Diese Kurven (und ähnliche) haben auch einen Namen, sie heißen ,,Kennlinien''. Noch genauer: Es sind R_S/I_D-Kennlinien, wobei R_S für ,,Source-Vorwiderstand'' steht. Wer diese Kurven (oder derartige Kurven überhaupt) aufnehmen will, darf sich nicht wundern, wenn seine Meßpunkte nicht gleich so schöne Kurven ergeben, wie in Bild 7.12. Es gibt Toleranzen genug, die die Messungen verfälschen, z.B. die Anzeigetoleranzen des Meßinstrumentes selbst, dann die Abweichungen von den aufgedruckten Werten der Widerstände und schließlich die Ablesefehler beim Ablesen der Drainstromwerte. Diese Toleranzen können sich gegenseitig aufheben . . ., aber auch addieren, und das weiß man nicht! Ein Trost: Auch in Industrielabors erhalten die Leute keine exakteren Meßpunkte . . ., aber letzlich steht bei solchen Messungen immer ein physikalisch-mathematisches Gesetz dahinter, dessen Gesetzmäßigkeit dann schnell zutage tritt und das Zeichnen ,,schöner'' Meßkurven erlaubt (mit Kurvenlineal).

Zur Arbeitspunkteinstellung für eine Schaltung kann man noch einfacher vorgehen. Anstelle einzelner Widerstände schaltet man einen Drehwiderstand von 4,7 kΩ ein (Poti). Dann verstellt man diesen so lange, bis der Drainstrom die beabsichtigte Größe hat. Danach mißt man mit dem Ohmmeter-Teil des Multimeters den Wert des Drehwiderstandes, der eingeschaltet war. Fertig! Zu dieser Methode läßt sich auch der FET-Vorsetzer ganz gut verwenden.

Die Kennlinien in Bild 7.12 offenbaren aber noch mehr als dort angegeben. Man kann auch die Spannungen ermitteln, welche an den einzelnen Widerständen abfallen, um die also die Source ,,hochgelegt'' ist. Das ist manchmal durchaus von Interesse. Hierzu dient wieder das Ohmsche Gesetz. Man braucht nur die Widerstandswerte mit den durch die Kennlinien angezeigten Strömen zu multiplizieren. Diese Spannung ist bei gleichem Widerstand unterschiedlich, je nach Transistor. So fallen beim BF 245 A an einem Source-Widerstand von 1 kΩ ziemlich genau 1 Volt ab . . ., beim BF 245 B aber 2,2 Volt! (1000 x 0,0022 = 2,2). Bitte andere Werte ausrechnen – Gedankentraining!

Bild 7.12: Die R_S/I_D-Kennlinie zweier FETs

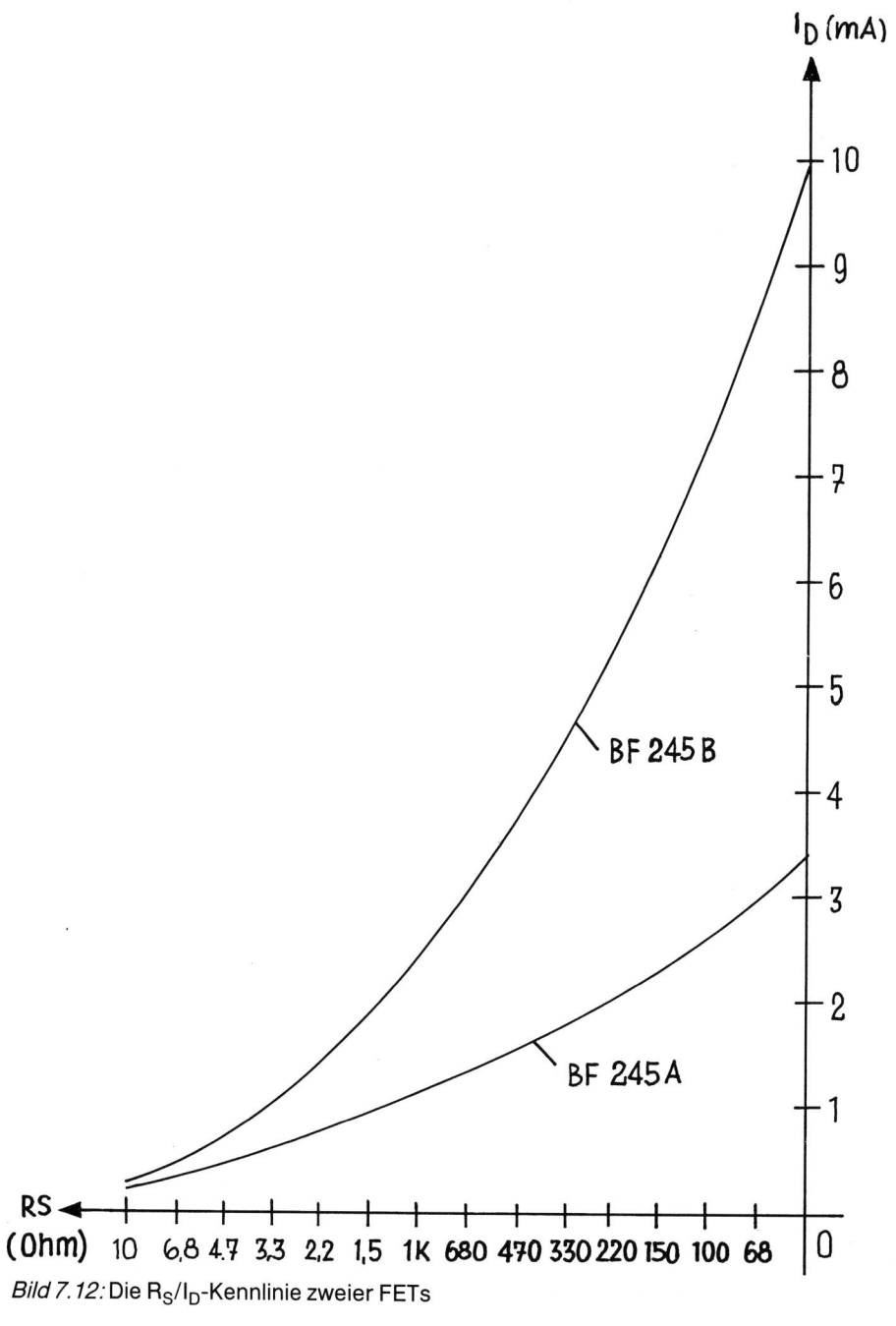

Die Kennlinien in Bild 7.12 sind nur zwei ausgewählte. Die Kurven eingekaufter FETs dieser Typen werden meistens dazwischen liegen, haben aber immer einen ähnlichen Verlauf. Die mit FETRANS erzielbaren vier Meßpunkte geben daher schon wertvolle Anhaltspunkte, die für viele Fälle ausreichen.

BITRANS

Wie weiter oben schon erläutert, sind für bipolare Transistoren die Stromverstärkungen B kennzeichnend. Im Unterschied zu den FETs, wo der Drainstrom bei Gatevorspannung Null kennzeichnend ist. Das ganz ähnlich wie FETRANS aufgebaute BITRANS mißt daher die Stromverstärkung B in zwei Bereichen. Und zwar bei Kollektorströmen um 2 mA.

Die Grundschaltung von BITRANS

Bild 7.13 zeigt die einfache Grundschaltung. Einfacher geht's wohl kaum. Zwischen dem positiven Pol der 9 V-Batterie Ba und dem Kollektoranschluß K liegt (über S 1) das Meßinstrument M. Die Emitter-Anschlußklemme E liegt direkt am negativen Pol der Batterie. Mit S 2 kann der Basisanschluß B über den Vorwiderstand RV an den positiven Batterianschluß gelegt werden.

Wird nun der Schalter S 1 geschlossen, so wird ein Stromkreis geschlossen über das Meßinstrument M und die Strecke Kollektor–Emitter des Prüflings. Wenn ein Prüfling in Ordnung ist, dann darf jetzt kein Zeigerausschlag erfolgen, auch kein kleiner. Das ist die sog. „Kollektor-Reststrom-Messung" bei „offener Basis". Und dieser Strom muß Null sein!

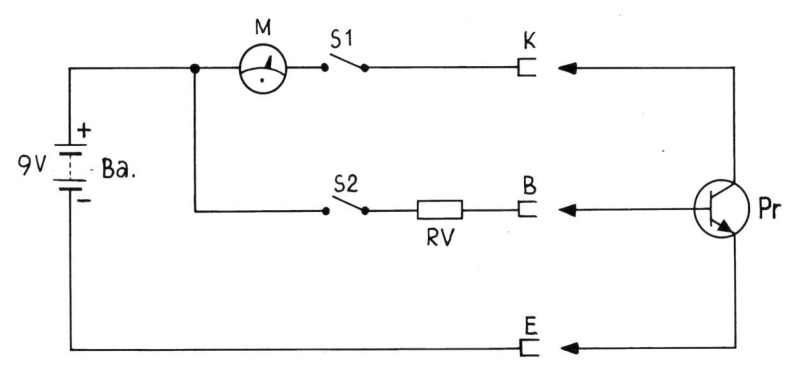

Bild 7.13: Die Grundschaltung von BITRANS

Wird nun zusätzlich (!) S 2 geschlossen, so wird der Basis ein bestimmter, von RV abhängiger Strom „eingeprägt" oder „aufgezwungen". Von einem eingeprägten oder aufgezwungenen Strom wird immer dann gesprochen, wenn Änderungen des „Verbraucherwiderstandes" (hier die Strecke Basis-Emitter des Prüflings Pr.) keinen oder einen vernachlässigbaren Einfluß auf die Größe des ihn durchfließenden Stromes haben. Diese Strom-Einprägung erfolgt hier auf einfachste Weise durch den hochohmigen Vorwiderstand RV. Dessen Wert ist sehr viel größer als derjenige der Strecke Basis–Emitter. Damit dies so ist, wurde auch die Batteriespannung mit 9 Volt relativ hoch gewählt. Bei etwa 3 Volt-Batteriespannung wäre alles viel ungünstiger, weil durch RV weniger Spannung vernichtet und mithin RV niederohmiger gewählt werden müßte. Mit RV kann also der Basis ein bestimmter Basisstrom eingeprägt werden, der dann, übersetzt mit dem Stromverstärkungsfaktor B, einen bestimmten Kollektorstrom hervorruft. Das ist die einfache, übersichtliche Arbeitsweise unseres Transistortesters.

Das komplette Schaltbild von BITRANS

Bild 7.14 zeigt die komplette Schaltung des Transistortester BITRANS. Er hat sich beim Verfasser schon längere Zeit bewährt. Die Schaltung ist trotz der vielen Schalterkontakte übersichtlich und entspricht exakt der Grundschaltung in Bild 7.13. Das Meßinstrument M hatte ursprünglich einen Vollausschlag von 100 µA. Mit P 1 wird dieser auf 2,5 mA erhöht. Der Meß-Kollektorstrom bewegt sich mithin zwischen 0,5 und 2,5 mA.

Die vielen Schalterkontakte sind nur deswegen wieder erforderlich, weil mit ihnen das Gerät zwangsläufig bei jeder Messung eingeschaltet wird. Dazu sind die Kontakte S 1, S 2 und S 3 von jedem der Drucktaster T 1...T 3 einander parallel geschaltet. Ein besonderer Ein-Aus-Schalter ist daher entbehrlich und man kann das Gerät durch Druck auf eine einzige Taste bedienen. Das erleichtert den Umgang mit ihm sehr. Mit dem Taster T 4 kann über P 2 dem Meßinstrument ein bestimmter Strom zur Überprüfung der Batterie Ba zugeführt werden. Dieser entspricht dem maximalen Strom bei der Transistorprüfung.

Nun zu den Vorwiderständen R 1 bis R 4. R 1 und R 2 sind so bemessen, daß in die Transistorbasis ein Strom von 10 µA eingeprägt werden kann. Dabei ist eine wirksame Batteriespannung von 8,7 Volt ausgesetzt. Nämlich 9,3 Volt minus 0,6 Volt. 9,3 Volt ist in etwa die Spannung einer frischen Batterie bei 2 mA-Belastung; 0,6 Volt ist die Spannung zwischen Basis und Emitter bei einer Stromeinprägung von einigen µA. Wird nun der Taster T 2 gedrückt, so ergibt sich bei Vollausschlag ein B-Wert von 250 (0,0025 : 0,00001 = 250).

R 3 und R 4 sind so bemessen, daß in die Basis ein Strom von 2,5 µA eingeprägt werden kann. Wird also T 3 gedrückt, so ergibt sich bei Vollausschlag ein B-Wert von 1000 (0,0025 : 0,0000025 = 1000).

Die Aufteilung in zwei Meßbereiche ist deswegen erforderlich, weil es auch Transistoren mit einem B von 50...100 gibt.
Und die sollen auch im Kollektorstrombereich von 0,5 bis 2,5 mA gemessen werden und ihr Meßwert soll noch einigermaßen gut ablesbar sein (Bereich 0...250).

Die Widerstände R 1 bis R 4 sollen geringe Toleranzen haben. Vorteilhaft sind deswegen Metallschichtwiderstände mit 1 %-Toleranz. Wird T 1 gedrückt, so wird der Kollektor-Reststrom bei offener Basis gemessen, wie weiter oben zu Bild 7.13 erläutert. Bis zum ersten Skalenstrich von M sind es 100 µA, bis zum zweiten 200 µA; diese Empfindlichkeit und Meßgenauigkeit reicht erfahrungsgemäß aus, um festzustellen, ob der Reststrom Null oder wenigstens vernachlässigbar ist.

R 5 begrenzt den Strom durch das Meßinstrument bei fehlerhaften Transistoren oder bei der Prüfung von Dioden. Diese sind zwischen K und E anzuschließen und es ist ein belie-

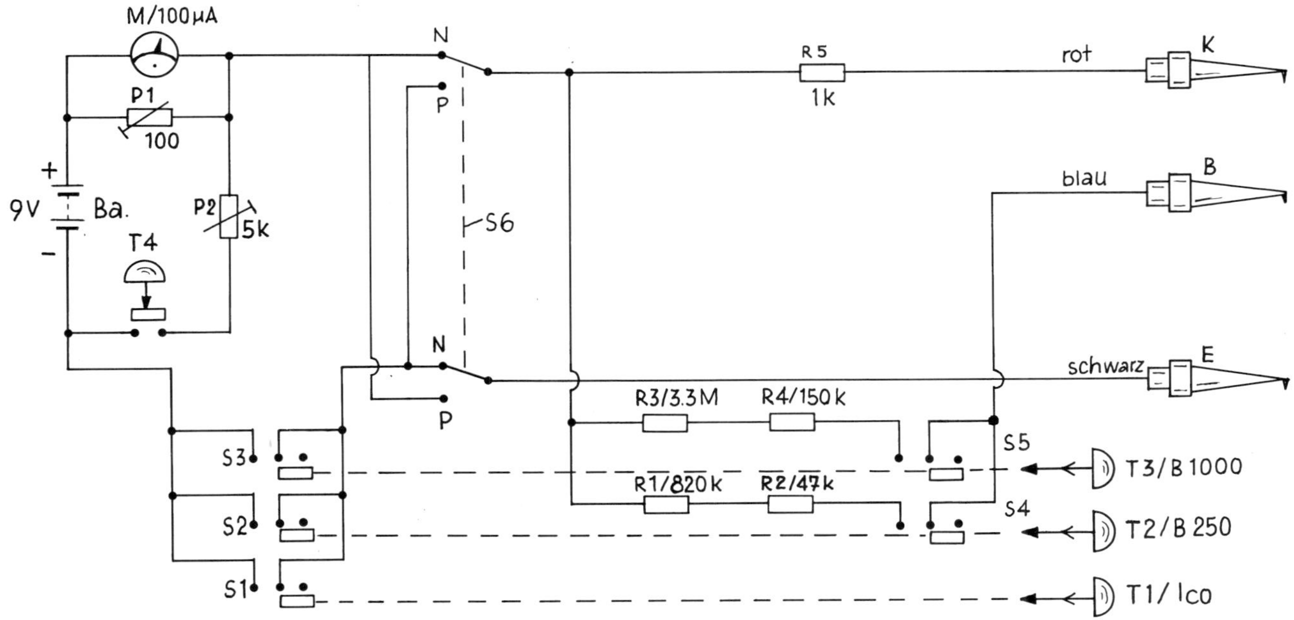

Bild 7.14: Die komplette Schaltung von BITRANS

biger Taster zu drücken. In Flußrichtung fließen dann 9 mA. Mit S 6 kann von NPN- auf PNP-Transistoren als Prüflinge umgeschaltet werden.

Der Aufbau von BITRANS

Bild 7.15 zeigt eine Ansicht des Gerätes. Als Gehäuse dient ein TEKO-Gehäuse mit den Abmessungen 70 x 110 x 45 mm. *Bild 7.16* zeigt das Maßbild seiner Frontplatte, von vorn gesehen. Man wird jedoch die Maße für die Bohrungen wieder zweckmäßig auf der Rückseite der Frontplatte auftragen und schwach ankörnen. Durch dieses Gehäuse sind geringste Abmessungen des Gerätes gegeben, was engen Verhältnissen auf dem Arbeitstisch entgegenkommt. Voraussetzung hierzu ist, daß die Bohrungen wieder recht genau angebracht werden.

Beim Mustergerät wurde die Skalenbeschriftung mit einer Rasierklinge vorsichtig abgekratzt (Skalenblatt losschrauben und nach oben wegziehen) und mit Anreibebuchstaben beschriftet (z.B. Letraset). Das sieht natürlich schön und professionell aus, ist aber nur versierten Leuten mit einer sehr ruhigen Hand zu empfehlen. Man kann aber auch nur die Buchstaben „µA" aus dem Skalenblatt mit „Tipp-Ex-Fluid" (Schreibwarengeschäfte; vorher gut schütteln) abdecken, so daß nur die Beschriftung 0...100 übrigbleibt. Die Beschriftungen der drei Drucktaster erfolgte ebenfalls mit Anreibebuchstaben. Man kann hierzu aber auch ein 6 mm breites Dymo-Prägeband verwenden . . .; man sollte nicht dem Ehrgeiz unterliegen, die Geräte so „schön" bauen zu wollen, wie die Firmen, die Meßgeräte verkaufen. Einwandfreie Funktion und eindeutige Beschriftung sollten für den Hobbyelektroniker entscheidender sein.

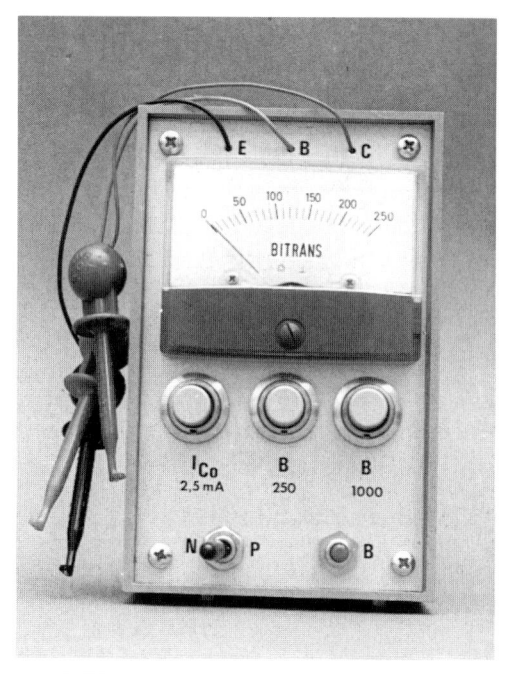

Bild 7.15: Die Ansicht von BITRANS

Für T 1, T 2 und T 3 werden Drucktaster mit Kontaktbestückung 4 x UM verwendet. Diese gibt es leider nur mit Rastung. Sie sind daher so umzurüsten, daß sie nach Betätigung wieder in die Ausgangslage zurückkehren. Näheres hierzu im Kapitel FETRANS.

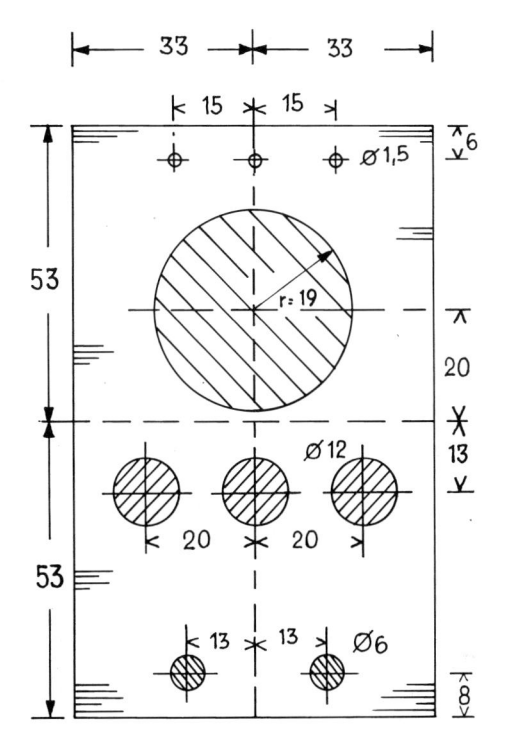

Bild 7.16: Das Maßbild der Frontplatte von BITRANS

Nun hat man einen „Impulstaster". Zum Schluß werden die Spießchen auf der anderen Seite des Schalterkörpers ganz nahe am Schalterkörper abgezwickt.

Zum Anschluß der Prüflinge werden sog. IC-Clips verwendet, in drei verschiedenen Farben. Rot für Kollektor, blau für Basis und schwarz für Emitter. Mit diesen Clips kann man auch die unterschiedlichsten Anschlußbelegungen der Transistoren erfassen.

Für die Herstellung der 12 mm-Bohrungen eignen sich die sog. Rekordlocher am besten. Man braucht dann nur ein 6 mm-Loch vorzubohren. Den Ausschnitt für das Meßinstrument sägt man mit der Laubsäge aus (Metallsägeblatt Nr. 2).

Die Verdrahtung von BITRANS

Bild 7.17 zeigt einen Blick in die Verdrahtung. Von den je vier Umschaltkontakten der Drucktaster T 1, T 2 und T 3 werden höchstens zwei benötigt. Daher können die Übriggebliebenen als „Lötstützpunkt" verwendet werden.

Bild 7.17: Blick in die Verdrahtung

Bild 7.18 zeigt den Verdrahtungsplan des Gerätchens, über das Meßinstrument hinweg auf die Lötösen der drei Taster gesehen. Man baut zunächst das Meßinstrument noch nicht ein und beginnt mit den Drahtbrücken zwischen den parallel liegenden Einschaltkontakten. Am besten geht das mit blankem versilbertem oder verzinntem 0,5 mm-Schaltdraht, der mit 0,5 mm-Isolierschlauch überzogen wird. Mit dem Einpassen der Widerstände muß man ein wenig probieren, da sie z.T. zwischen den Schalterkörpern angeordnet werden müssen.

Der Einstellwiderstand P 2 wird mit einem Anschluß so am N-P-Umschalter angelötet, daß sein Widerstandswert bei Rechtsdrehung kleiner wird. P 1 wird direkt an die Anschlußklemmen des Meßinstrumentes angeschlossen. Am besten über zweifahnige Lötösen unter den Anschlußschrauben des Instrumentes. P 1 ist dabei so einzulöten, daß sein Widerstandswert bei Rechtsdrehung größer wird. Die Anschlußdrähte des Batterieclips kommen ganz zum Schluß dran.

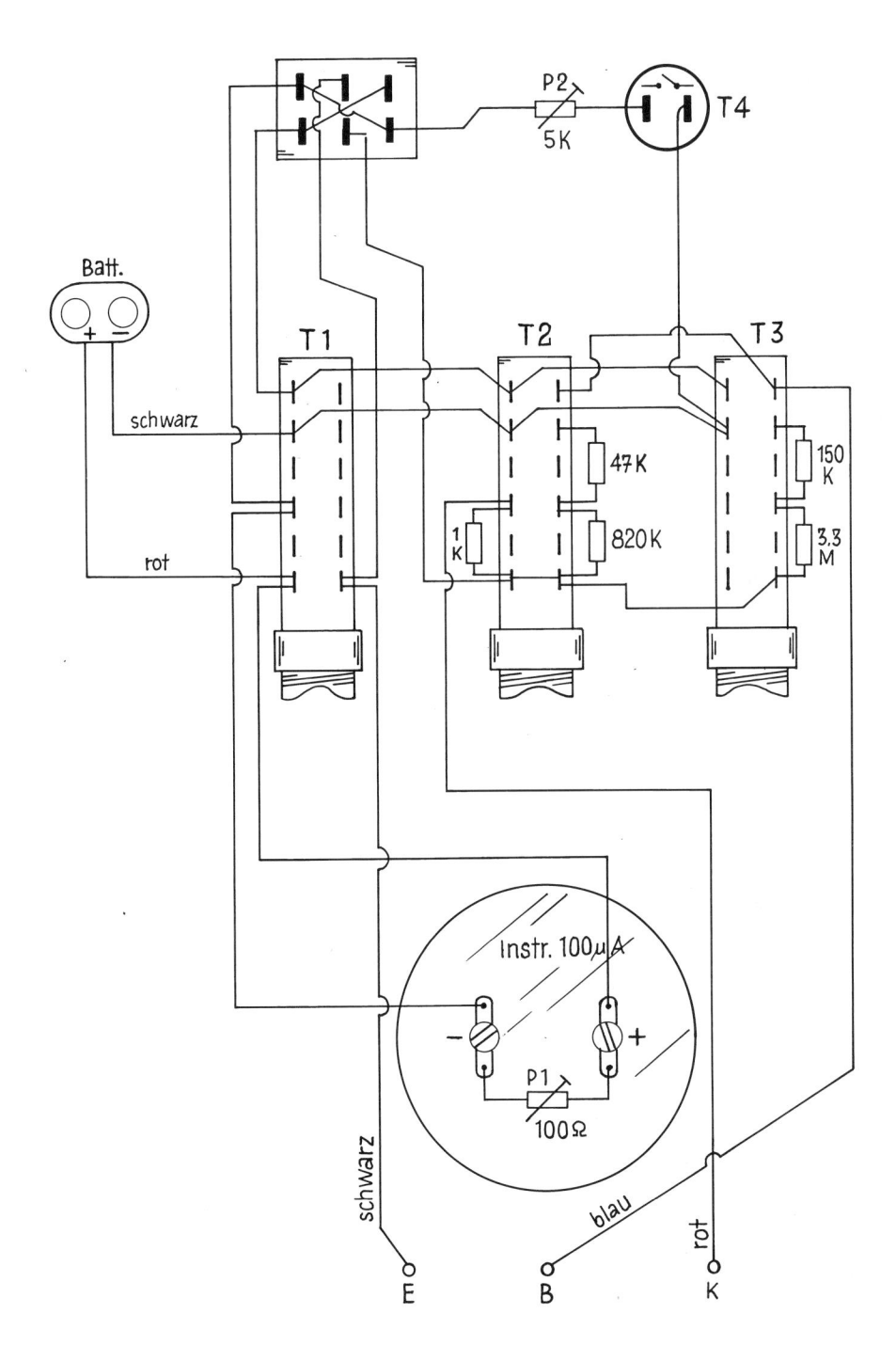

Bild 7.18: Der Verdrahtungsplan von BITRANS

Einstellarbeiten

Diese beschränken sich auf P 1 und P 2. Es sind keine besonderen Meßmittel erforderlich, außer einem Multimeter, z.B. dem uns schon bekannten HM 102 BZ. Es ist eine frische Batterie anzuschließen. Die Gebrauchslage des Gerätes ist senkrecht; daher sind alle Einstellarbeiten bei senkrecht gehaltenem Gerät durchzuführen. Vorteilhaft ist es, wenn man sich das Gerät von einer zweiten Person halten läßt. Zunächst überprüft man, ob der Zeiger von M auch genau auf den Nullpunkt einspielt und korrigiert erforderlichenfalls mit der Nullstellungsschraube unter der Skala.

Sodann ist das Meßinstrument M auf einen Endausschlag von 2,5 mA einzustellen. Hierzu ist zuerst P 1 fast ganz nach links zu drehen, so daß nur ein kleiner Widerstandswert wirksam ist. Zwischen dem roten (K) und schwarzen (E) Anschlußclip ist sodann das Multimeter anzuschließen und zwar in Serie mit einem 4,7 kΩ-Einstellwiderstands-Potentiometer. Letzterer ist auf maximalen Ohmwert einzustellen. Nun verstellt man langsam den 4,7 kΩ-Einstellwiderstand, bis das Multimeter 2,5 mA anzeigt. Nun wird P 1 langsam so verdreht, bis M Vollausschlag anzeigt. Beide Vorgänge beeinflussen sich gegenseitig ein wenig; sie müssen daher ein paar Mal wiederholt werden, bis sich keine Änderung ergibt.

Für die Einstellung der Batteriekontrolle stellt man P 2 zunächst ganz nach links (größter Ohmwert). Dann drückt man T 4 und stellt mit P 2 Vollausschlag ein. Bei diesen Einstellarbeiten ist eine der Tasten T 1 bis T 3 zu drücken.

Bedienung und Tips zum Schluß

Wegen der Drucktasten ist die Bedienung des Gerätes außerordentlich bequem und einfacher als die eines Multimeters. Bei den Erläuterungen zu Bild 7.13 und Bild 7.14 wurde das Wesentlichste zur Bedienung gesagt, so daß wir uns hier kurz fassen können.

Nach Anschluß des Prüflings an K, B und E wird der Umschalter S 6 auf die betreffende Transistorart geschaltet. Bei NPN-Transistoren auf „N", bei PNP-Transistoren auf „P". Sodann ist die Taste „I_{Co}" zu drücken. Hier darf bei modernen Transistoren kein Anschlag erfolgen, bei alten Typen höchstens ein ganz kleiner. Erfolgt kein Ausschlag, so drückt man „B 1000". Bei intaktem und richtig angeschlossenem Transistor muß jetzt ein Ausschlag erfolgen. Ist dieser kleiner als etwa „50" (oder „25 µA"), so drückt man „B 250" und kann dann den Wert bequemer ablesen. Mit den beiden B-Tasten kann man auch die Steuerbarkeit der Prüflinge überprüfen. Drückt man zusätzlich zu einer schon gedrückten die andere B-Taste, so muß sich der Zeigerausschlag vergrößern, denn in jedem Fall wird ja der Basisstrom erhöht. Dabei kann der Zeiger durchaus auch an das Skalenende anschlagen, wenn zusätzlich zur Taste „B 1000" die Taste „B 250" gedrückt wird. Keine Bange, das Meßinstrument hält dies aus.

Bei falschem Anschluß eines Transistors oder falscher Stellung des N-P-Umschalters erfolgen unterschiedliche Anzeigen, entweder Null, Endanschlag oder ein mittlerer Wert, der sich beim Betätigen der B-Tasten nicht ändert, im Unterschied zu richtig angeschlossenen und intakten Transistoren (!). Bei unbekannten Transistoren muß man dann so lange probieren, bis die oben genannte richtige Anzeigefolge erreicht ist.

Zur Prüfung der Batterie ist die Taste „B" (T 4) zu drücken. Dann muß das Instrument Vollausschlag anzeigen. Auch bei abgesunkener Batteriespannung kann noch gemessen werden. Man muß nur im Geiste festhalten, um wieviel ungefähr die Batteriespannung geringer ist als Vollausschlag. Um diesen Teil muß man dann den angezeigten B-Wert nach oben korrigieren. Beispiel: Es werden nur noch 90 % vom Vollausschlag angezeigt, also 10 % weniger. Dann ist auch der gemessene B-Wert um 10 % zu erhöhen.

Dioden sind zwischen „K" und „E" anzuschließen und es ist der N-P-Umschalter zu betätigen. Einmal muß der Ausschlag Null sein, beim anderen Mal Vollausschlag, wenn die Diode in Ordnung ist. Hierbei ist eine beliebige Taste zu drücken.

Mit dem Gerät können auch Elektrolytkondensatoren oder andere Kondensatoren getestet werden, ab 1 µ. Der Kondensator ist auch zwischen „K" und „E" anzuschließen (bei Elkos Polung beachten!). Es erfolgt dann ein Stoßausschlag, denn es handelt sich um eine „ballistische" Messung. Dabei ist auch wieder eine beliebige Taste zu drücken. Will man den Kondensator erneut testen, so muß er vorher durch Kurzschließen entladen werden. Bei großen Kondensatoren ab etwa 220 µF schlägt der Zeiger zunächst an den Endanschlag und bewegt sich erst nach ein paar Sekunden langsam über die Skala nach Null. Man kann dadurch den Aufladevorgang sehr anschaulich verfolgen.

Wegen der Beschriftung des Gerätes und der Unterbringung der 9 V-Batterie, siehe unter FETRANS und Bild 7.10.

Transistordiagramme

Aus den Bildern 6.7 und 7.12 wissen wir schon, daß mit Diagrammen allerhand anzufangen ist, besonders wenn man das Ohmsche Gesetz hinzunimmt. Diagramme sind mithin die Sprache des Elektronikers und es gibt kein Elektronik-Labor, wo nicht täglich mit Diagrammen gearbeitet wird. (Unser Arbeitstisch, auf dem wir unsere Gerätchen bauen, die Schränke und Schachteln für unsere Bauteile ..., das alles ist letztlich auch ein kleines Labor.) Um weiter in die erregende Arbeitsweise von Transistoren eindringen zu können, ist daher der Umgang mit Kennlinien-Diagrammen unentbehrlich. Zuerst schauen wir uns FET-Diagramme an; dann diejenigen von bipolaren Transistoren (BIPOS). Schließlich werden wir mit diesen Diagrammen arbeiten ..., wie in einem Elektronik-Labor.

FET-Diagramme

Bild 8.1 zeigt das U_{GS}/I_D-Diagramm. Auf der waagerechten Achse, der „x-Achse", ist der Ausgangswert angegeben, von dem hier ausgegangen wird. Nämlich verschiedene Werte der Gatevorspannungen $-U_{GS}$, hier von 0...3 Volt. Das Minuszeichen vor U_{GS} sagt uns, daß die Spannung am Gate negativ gegenüber der Source ist. Der sich bei den einzelnen Werten von U_{GS} ergebende Drainstrom I_D ist auf der senkrechten Achse aufgetragen. Nun ist es noch notwendig, im Diagramm anzugeben, bei welcher Spannung U_{DS} (Drain gegen Source) die Messungen erfolgten und auch die Umgebungstemperatur. Weil solche Werte bei Messungen dieser Art konstant gehalten werden, schreibt man sie direkt in das Diagrammfeld hinein. Hier betrug die Spannung U_{DS} 15 Volt und die Umgebungstemperatur 25°. Das Kurzzeichen für letztere ist der griechische Buchstabe δ, das sog. „Delta".

Griechische Buchstaben wurden für manche interessierenden Größen nicht deswegen gewählt, weil sie vielleicht so schön exotisch klingen, sondern weil man in der Elektronik eine Unmenge von Daten mit Kurzzeichen bezeichnen mußte und das europäische Alphabet, unser ABC, nicht genügend Buchstaben hat.

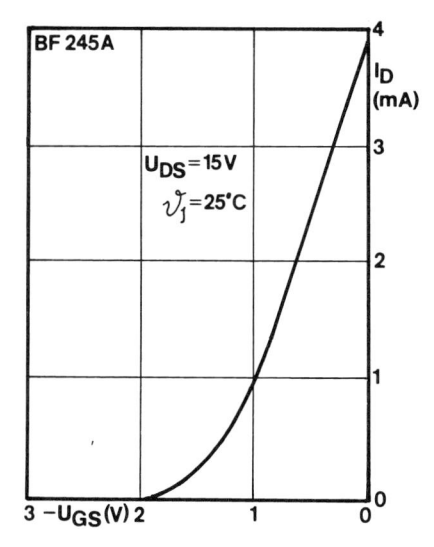

Die hier konstant gehaltenen Werte von Umgebungstemperatur und Drainspannung nennt man allgemein „Parameter". Hierbei ist nicht, wie etwa bei „Kilometer", die Silbe „meter" zu betonen, sondern das zweite „a". Der Begriff kommt auch aus dem Griechischen. Bei der Erstellung des Diagrammes in Bild 8.1 sind mithin die Drain-Source-Spannung und die Umgebungstemperatur die „Parameter bei der Messung". Ganz entsprechend der allgemeinen Definition von „Parameter" im Duden-Lexikon: „Parameter = Veränderliche, die für manche Betrachtungen als Konstante angesehen wird".

Bild 8.1: Das U_{GS}/I_D-Diagramm des BF 245 A

Aus dem Diagramm in Bild 8.1 können wir nun ganz leicht herauslesen, wie groß der Drainstrom I_D bei verschiedenen, uns interessierenden Gatevorspannungen ist. So zieht dieser Transistortyp bei einer Gatevorspannung von –1,6 Volt einen Drainstrom I_D von 0,2 mA, bei einer Vorspannung von 1 Volt einen solchen von 1 mA und bei einer Gatevorspannung von 0 Volt einen Drainstrom von 4 mA.

Weil wir gerade beim Studieren von Diagrammen sind . . ., gleich noch ein zweites, ebenso wichtiges Diagramm. Es ist das U_{DS}/I_D-Diagramm, Bild 8.2. Die y-Achse ist wieder unterteilt in 0...4 mA, hat also den gleichen Maßstab. Bisher waren wir aus Vereinfachungsgründen stillschweigend davon ausgegangen, daß der Drainstrom nur von der angelegten Spannung $-U_{GS}$ abhängt, nicht aber von U_{DS}. Das stimmt leider nur für Drain-Source-Spannungen U_{DS} ab einer gewissen Höhe. Das zeigt uns nun das Diagramm in Bild 8.2. In ihm ist nun die Gate-Source-Vorspannung $-U_{GS}$ als Parameter aufgetragen. Legt man nun in einer Meßschaltung zwischen Gate und Source z.B. 1 Volt an und ändert dabei nur die Spannung U_{DS}, so erhält man die zweite Kennlinie (von unten) in Bild 8.2. Wir sehen, daß der Drainstrom sich in einem U_{DS}-Bereich von 15 Volt bis herab zu 4 Volt kaum ändert und sich bei 1 mA bewegt. Dann aber knickt die Kennlinie stark nach unten ab; das ist bei der sogenannten „Kniespannung".

Aus Bild 8.2 können wir nun, und das ist auch sehr wichtig, sehr leicht den Wechselstrom-Ausgangswiderstand des Transistors entnehmen. Er läßt sich wieder mit dem Ohmschen Gesetz berechnen. Und das geht so: Spannungsänderung geteilt durch die sich dabei ergebende Stromänderung. Aus Bild 8.2 entnehmen wir etwa folgendes: Einer Drainspannungsänderung von 10 auf 15 Volt (x-Achse) entspricht eine Drainstromänderung von ungefähr 0,05 mA (kaum ablesbar). Das ergibt einen Wechselstrom-Ausgangswiderstand von rd. 100 000 Ohm (5 : 0,00005 = 100 000). Das ist ein recht brauchbarer Wert. Somit offenbart das U_{DS}/I_D-Diagramm auf einen Blick zweierlei:
1.) Wie weit der Drainspannungsbereich geradlinig verläuft,
2.) Ob der Wechselstrom-Ausgangswiderstand niedrig oder hoch ist, je paralleler nämlich die U_{DS}-Kennlinie zur x-Achse verläuft..., um so höher ist der Wechselstrom-Ausgangswiderstand.

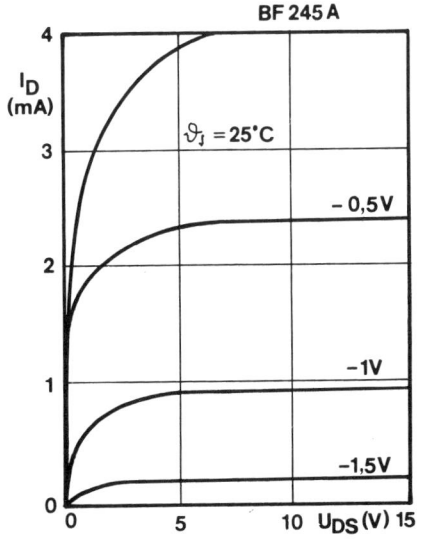

In den Datenbüchern sind aus Vereinfachungs- und Übersichtlichkeitsgründen beide Diagramme nebeneinander und zusammenhängend abgedruckt. *Bild 8.3* zeigt das gemeinsame Diagramm für den Transistor BF 245 B; *8.4.* jenes für den Typ BF 245 C. Man sieht, daß beim Typ „B" der Drainstrom bei Gatevorspannung 0 höher ist, als beim Typ „A" und beim Typ „C" höher als beim Typ „B". Der Drainstrom bei Vorspannung 0 eignete sich daher gut als ein kennzeichnendes Merkmal von Feldeffekt-Transistoren.

Bild 8.2: Das U_{DS}/I_D-Diagramm des BF 245 A

Man muß sich dabei im klaren darüber sein, daß es sich bei den Kennlinien in den Bildern 8.1...8.4 um Kennlinien von Mittelwert-Transistoren handelt. Bei eingekauften Transistoren können die tatsächlichen Werte stark um diese Mittelwerte streuen. Umso wichtiger ist es, einen verläßlichen Transistortester zur Verfügung zu haben. Erst die Kenntnis der Kennlinien zusammen mit den gemessenen Werten ermöglicht dem Hobbyisten die zielgerechte Dimensionierung einwandfreier Transistorstufen. Das wollen wir später an prägnanten Beispielen kennenlernen. Zunächst aber wollen wir uns die Kennlinien von BIPOS ansehen.

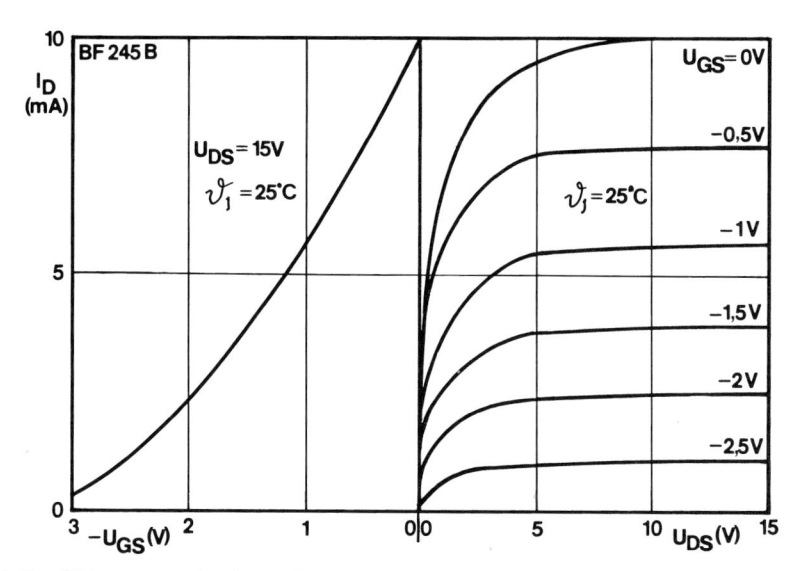

Bild 8.3: Zwei Diagramme in einem Feld, hier des BF 245 B

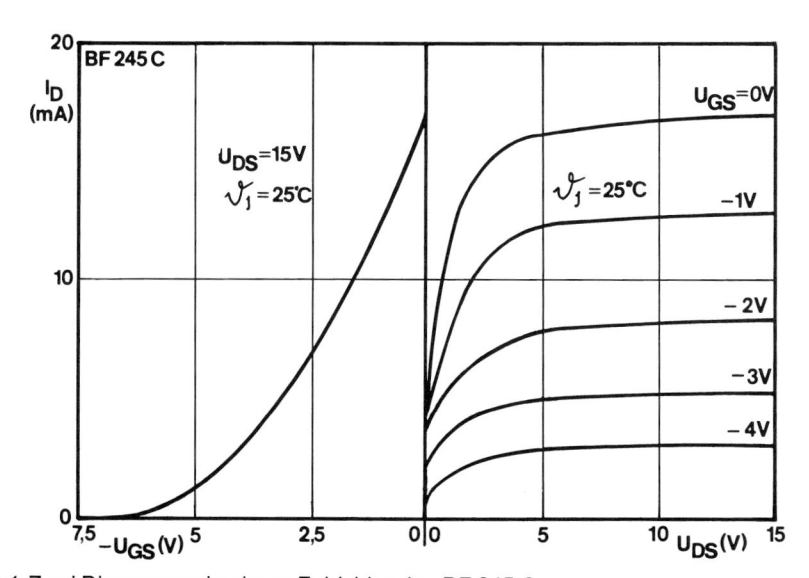

Bild 8.4: Zwei Diagramme in einem Feld, hier des BF 245 C

BIPO-Kennlinien

Die Kennlinien aus Bild 8.2 werden auch als „Ausgangs-Kennlinien" bezeichnet. *Bild 8.5* zeigt nun die Schar der Ausgangs-Kennlinien verschiedener bipolarer Transistoren, die mit unserem BC 547 übereinstimmen. Wir dürfen auch hier nicht vergessen, daß es sich wieder um Typen mit einem mittleren Stromverstärkungsfaktor (um 285) handelt und Bild 8.5 nur die grundsätzlichen Zusammenhänge solcher Transistoren ausdrücken soll.

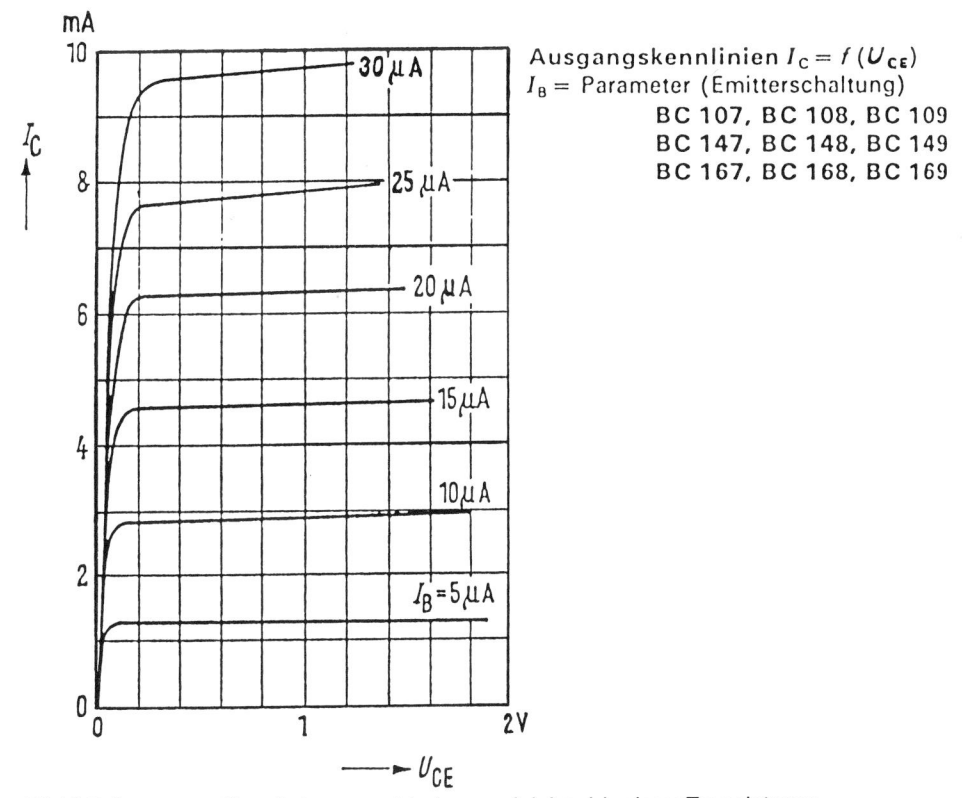

Ausgangskennlinien $I_C = f(U_{CE})$
I_B = Parameter (Emitterschaltung)
BC 107, BC 108, BC 109
BC 147, BC 148, BC 149
BC 167, BC 168, BC 169

Bild 8.5: Ausgangs-Kennlinien verschiedener, gleicher bipolarer Transistoren

Zunächst kann man erkennen, daß die Kennlinien schön geradlinig und waagerecht verlaufen, das läßt auf einen hohen Wechselstrom-Ausgangswiderstand schließen. Bei niedrigen Kollektorströmen I_C sind sie noch waagerechter als bei höheren. Sodann stellen wir fest, daß diese Geradlinigkeit bis zu außerordentlich niedrigen Kollektor-Emitterspannungen U_{CE} herunter reicht. So bis zu rund 0,1 Volt (!) bei einem Kollektorstrom von rd. 1,3 mA. Diese Eigenschaft macht sie auch geeignet zum Betrieb mit niedrigen Batteriespannungen von 1,2...1,5 Volt und an Solarzellen. Als Parameter sind hier nicht Spannungen der Steuerelektrode eingetragen, sondern diejenigen Basisströme, die für das Entstehen bestimmter Kollektorströme I_C erforderlich sind. Wir erinnern uns, daß ein bipolarer Transistor seinem Wesen nach ein Stromverstärker ist. Daher wollen wir nun die enorm wichtigen Stromverstärkungs-Kennlinien kennenlernen.

Bild 8.6 zeigt die einander gleichen Stromverstärkungs-Kennlinien der Transistoren BC 546 A, BC 547 A und BC 548 A. Wie man sieht, ist die Stromverstärkung auch abhängig von dem Kollektorstrom I_C, mit dem der BIPO betrieben werden soll, in der Praxis also von dem beabsichtigten Arbeitspunkt – leider. Aber, genau besehen, ist das gar nicht so schlimm. Denn auf der x-Achse sind Kollektorströme von 0,01 mA bis 100 mA aufgetragen, also über vier „Dekaden". In der Praxis wird aber ein Transistor dieser Art immer nur um den Arbeitspunkt herum ausgesteuert, z.B. von 0,5 mA bis 1,5 mA bei einem Arbeitspunkt von 1 mA. Da ist aber die Änderung des Stromverstärkungsfaktors doch recht gering. Die Darstellungsweise in Bild 8.6 nennt man übrigens eine „logarithmische" und die schlauen Zusammendrängungen der Striche auf der x-Achse ermöglichen, mehrere Dekaden so aufzutragen, daß die einzelnen Werte noch einigermaßen gut ablesbar sind.

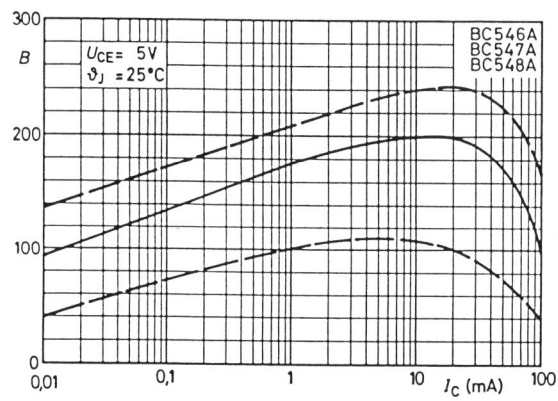

Bild 8.6: Stromverstärkungs-Kennlinien der Transistoren BC 546 A, BC 547 A, BC 548 A

Bild 8.7 zeigt die Stromverstärkungs-Kennlinie der entsprechenden B-Typen, *Bild 8.8* diejenigen der entsprechenden C-Typen. In allen drei Bildern stellt die ausgezogene Linie den Mittelwert dar; die gestrichelten Linien markieren die Streugrenzen, innerhalb derer sich der Stromverstärkungsfaktor eines eingekauften Transistors dieser Typen bewegen kann. Auch daran ist wieder zu sehen, wie wichtig die Verfügbarkeit eines Transistortesters, hier also für die BIPOs, ist.

In diesem Zusammenhang sollten wir uns aber an die Bilder 6.4, 6.7 und 6.11 nebst zugehörigem Text erinnern. Dort war angegeben, daß man durch geeignete Kompensationsschaltungen die Transistorstufen ziemlich unempfindlich, gegenüber Abweichungen im Stromverstärkungsfaktor, machen kann. Die Streugrenzen in den Bildern 8.6...8.8 sind da eine entscheidende Hilfe für den, der eine Schaltung nachbausicher dimensionieren muß. Auch die Industrie arbeitet so.

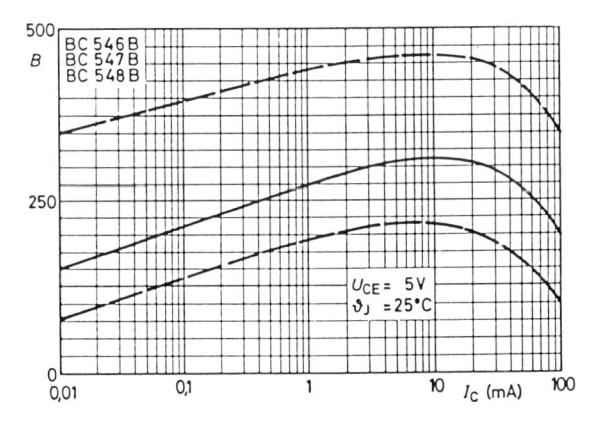

Bild 8.7: Stromverstärkungs-Kennlinien der Transistoren BC 546 B, BC 547 B, BC 548 B

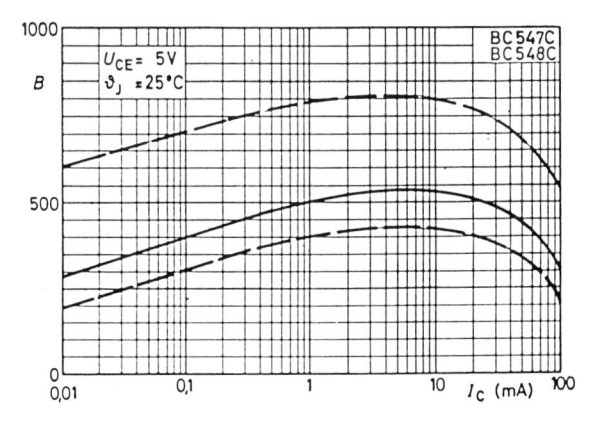

Bild 8.8: Stromverstärkungs-Kennlinien der Transistoren BC 546 C, BC 547 C, BC 548 C

Absolute Grenzwerte

Von besonderer Bedeutung für den, der Transistorstufen dimensionieren will, sind die „absoluten Grenzwerte". Werden sie nicht eingehalten, geben die Transistoren ihren Geist auf. Die absoluten Grenzwerte bedeuten, daß an einen Transistor nur Spannungen bis zu einer bestimmten Höhe angelegt werden dürfen; ebenso darf er nur mit Strömen bis zu einer bestimmten Größe betrieben werden. Aber keinesfalls mit beiden Maximalwerten gleichzeitig! Denn es ist auch die „Gesamt-Verlustleistung" zu beachten, die auch einen oberen Grenzwert hat. Diese Verlustleistung wird in Watt ausgedrückt oder in Bruchteilen davon, in Milliwatt. „Watt = Volt x Ampere", das ist die einfache Formel für die Berechnung der Verlustleistung. Bei den Volts sind diejenigen gemeint, die unmittelbar (!) zwischen Drain- und Sourceanschluß anliegen; bei den Amperes diejenigen, die in diese Transistorstrecke hineinfließen. Für unseren FET BF 245 (A, B oder C) beträgt die maximale Drain-Source-Spannung 30 Volt; der maximale Drainstrom 25 mA und die maximale Verlustleistung 300 Milliwatt, also 0,3 Watt. Eine Betrachtung von T 3 in Bild 5.13 soll dies erläutern.

Die Drain-Source-Spannung liegt mit 5,9 Volt weit unter dem zulässigen Wert von 30 Volt. Zur Ermittlung des Drainstromes könnte man die Leitung zum Drain auftrennen und den Strom direkt mit dem Multimeter messen. Da wir aber das Ohmsche Gesetz kennen, machen wir das eleganter über die am Kopfhörer stehende Spannung und den Kopfhörerwiderstand. Die Spannung beträgt 3,1 Volt (9 - 5,9 = 3,1). Aus ihr und dem Kopfhörerwiderstand von 1200 Ω ergibt sich ein Drainstrom von 0,00258 Ampere, das sind rd. 2,6 mA. Also auch wesentlich weniger als die zulässigen 25 mA. Nun rechnen wir noch die „verbratene Leistung" (Verlustleistung) aus. Sie beträgt nur 15,3 Milliwatt (5,9 x 0,0026 = 0,0153), liegt also auch weit unter dem zulässigen Grenzwert. Bei T 2 ist die Verlustleistung noch wesentlich geringer wegen des größeren Drainwiderstandes. Diejenige von T 1 entspricht im Wesentlichen der von T 3, weil am Drain 5,2 Volt anstehen, also 3,8 Volt abfallen an dem Gleichstromwiderstand von rd. 1000 Ω der Primärwicklung von Ü.

Bei bipolaren Transistoren liegen ganz ähnliche Verhältnisse vor. Die maximale Kollektorspannung unseres BC 547 beträgt ebenfalls 30 Volt, der maximale Kollektorstrom aber immerhin 100 mA und die Verlustleistung beträgt 500 Milliwatt (mW). Alle diese Werte kann man den sog. Transistor-Tabellen entnehmen, die im seriösen Elektronik-Versandhandel erhältlich sind.

Kondensatoren-Bemessungen

Wenn wir zurückblättern und die Bilder 5.13 und 6.12 betrachten stellen wir fest, daß um die Transistoren herum, in der „Peripherie", nicht nur Widerstände eine bedeutende Rolle spielen, sondern auch Kondensatoren. Sie dienen entweder als „elektrische Weiche", wie C 3 (Bild 5.13) und C 1, C 5 (Bild 6.12). Oder zur Vorbeileitung von Wechselspannung an Ohmschen Widerständen wie bei C 6 (Bild 5.13) und C 4 (Bild 6.12). Oder zur Höhenabsenkung (C 5 in Bild 5.13; C 3 in Bild 6.12). Oder zur Ableitung von Hochfrequenzresten wie bei C 7 (Bilder 5.13 und 6.12). Daneben natürlich als Abstimmkapazität CA in Schwingkreisen.

Der aufmerksame Leser wird sich nun fragen: Wie kommt man eigentlich zu den in den Schaltbildern angegebenen Werten der Kondensatoren? Nun, das ist gar nicht so kompliziert. Zur Erläuterung beziehen wir uns auf Bild 5.13. Dem Leser sei empfohlen, sich von Bild 5.13 eine Fotokopie anzufertigen oder, zur Übung, die ganze Schaltung abzuzeichnen und sich neben diese Zeilen zu legen.

Grenzfrequenzen

Wie wir wissen, haben Kondensatoren einen kapazitiven Wechselstromwiderstand, kurz „kapazitiven Widerstand" genannt. Wie wir weiter wissen, ist dieser abhängig von dem Kapazitätswert und der Höhe der Frequenz, bei welcher ein Kondensator arbeitet. Je höher diese ist, um so niedriger ist der kapazitive Widerstand. Dessen Wert wird auch mit „Ohm" bezeichnet. Schaltet man nun einen Kondensator vor einen Widerstand, wie C 3 vor R 2 (Bild 5.13) oder einem parallel, wie C 6 zu R 3, so gibt es eine ganz bestimmte Frequenz, bei welcher der kapazitive Widerstand und der Ohmsche Widerstand einander gleich sind. Das ist der Fall bei der sog. ,,Grenzfrequenz". Mit dieser hat man ein bequemes Mittel zur Hand, um die Wirkung eines Kondensators in vielen Verwendungen beurteilen zu können. Diese Grenzfrequenzen kann man natürlich anhand einer Formel berechnen. Aber wozu unbedingt berechnen, wenn es hierfür auch schlaue Nomogramme gibt, aus denen man alles an sich kreuzenden, geraden (!) Linien ablesen kann?

NF-Tapete und HF-Tapete

So werden im Labor-Jargon die beiden Nomogramme bezeichnet. Wobei die ,,NF-Tapete" für Frequenzen von 10 Hz bis 100 kHz, die ,,HF-Tapete" für Frequenzen von 100 kHz bis 1000 MHz (Megahertz) bestimmt ist. *Bild 9.1* zeigt die NF-Tapete, *Bild 9.2* die HF-Tapete. ,,Tapeten" wohl deswegen, weil diese Nomogramme in vielen Elektronik-Labors zur allgemeinen Benutzung an der Wand hängen. Wir wollen nun den so wichtigen Umgang mit diesen Tapeten kennenlernen.

Die Nomogramme in den Bildern 9.1 und 9.2 sind ,,L-C-X_L-X_C-f-Nomogramme". Diese fünf Größen sind in den Nomogrammen miteinander verknüpft. ,,L" bedeutet ,,Induktivität", ,,C" bedeutet "Kapazität", ,,f" bedeutet ,,Frequenz". Bleiben noch X_L und X_C. X_C bedeutet hier den schon genannten kapazitiven Widerstand, X_L den induktiven Widerstand, also den Wechselstromwiderstand von Spulen, beispielsweise denjenigen einer Wicklung unseres NF-Trafos Ü. Mit dem ,,X" wird dabei angedeutet, daß es sich eben nicht um einen Ohmschen Widerstand handelt. Folgerichtig sind am linken Rand der Nomogramme X-Werte in Ohm aufgetragen, am oberen Rand die Frequenzen. Die schrägen Linien bezeichnen die Werte von Kondensatoren und Induktivitäten. Wichtig bei diesen Nomogrammen sind die Kreuzungspunkte vorgegebener Größen. Das soll nun an Beispielen erläutert werden.

Nehmen wir C 1 mit 100 pF. Wir wollen nun den kapazitiven Widerstand von 100 pF bei einer Frequenz von 10 kHz wissen. Wir suchen am rechten Rand von Bild 9.1 die 100 pF, verfolgen die betreffende Linie schräg nach oben-links, bis sie sich schneidet mit der senkrechten Linie von 10 kHz. Von diesem Schnittpunkt oder Kreuzungspunkt gehen wir waagrecht an den linken Rand und lesen ca. 150 kΩ ab. Tun wir das Gleiche für 100 pF und 1 MHz, so erhalten wir aus Bild 9.2 einen Wert von ca. 15 kΩ. Angewendet auf Bild 5.13 bedeutet, daß das C 1 wohl HF-Impulse an das Poti PR übertragen kann, nicht aber die NF. Diese soll ja über den Trafo Ü an T 2 weitergeleitet werden. In ganz gleicher Weise lesen wir für C 7 bei 10 kHz etwa 25 kΩ ab.

Zur Ermittlung der ,,Grenzfrequenzen" von RC-Gliedern geht man umgekehrt vor, nämlich von einem Ohmwert am linken Rand, beispielsweise 1 kΩ. Welche Grenzfrequenz ergeben diese 1 kΩ zusammen mit einem Kondensator von 10 nF? Wir suchen nun den Schnittpunkt der 1 kΩ-Linie mit der 10 nF-Linie. Von diesem gehen wir nach oben und lesen die zugehörige Frequenz ab, ca. 15 kHz. C 5 in Bild 5.13 zwackt mithin kaum Höhen aus dem Tonfrequenzgemisch ab. Nun können wir auch die Grenzfrequenz von C 6 und R 3 ablesen und erhalten weniger als 10 Hz. C 6 könnte daher getrost um eine ,,Größenordnung" kleiner gewählt werden, nämlich zu 4,7 µF. Für C 3 und R 2 ergibt sich eine Grenzfrequenz von ca. 50 Hz.

Die mit diesen Nomogrammen erzielbare Genauigkeit reicht in der Praxis für die allermeisten Fälle aus. Und im Zweifelsfalle nimmt man halt den nächst größeren oder kleineren Wert.

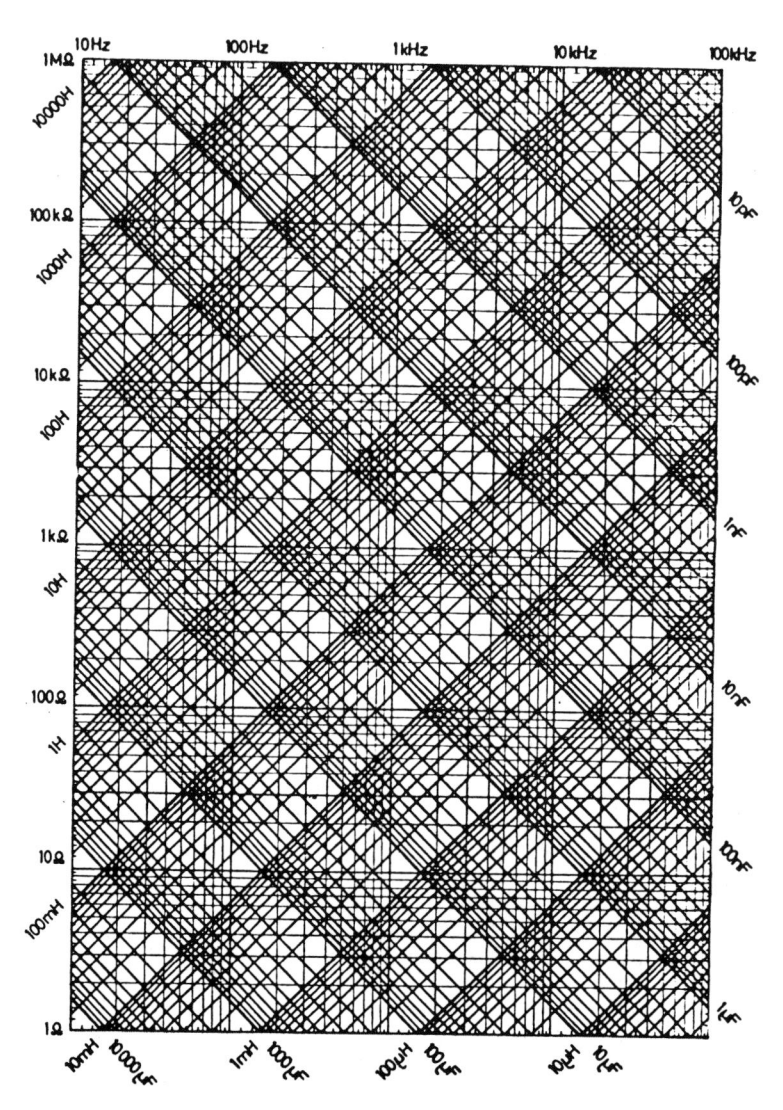

Bild 9.1: Die NF-Tapete, ein L-C-X_L-X_C-f-Nomogramm für 10 Hz bis 100 kHz.

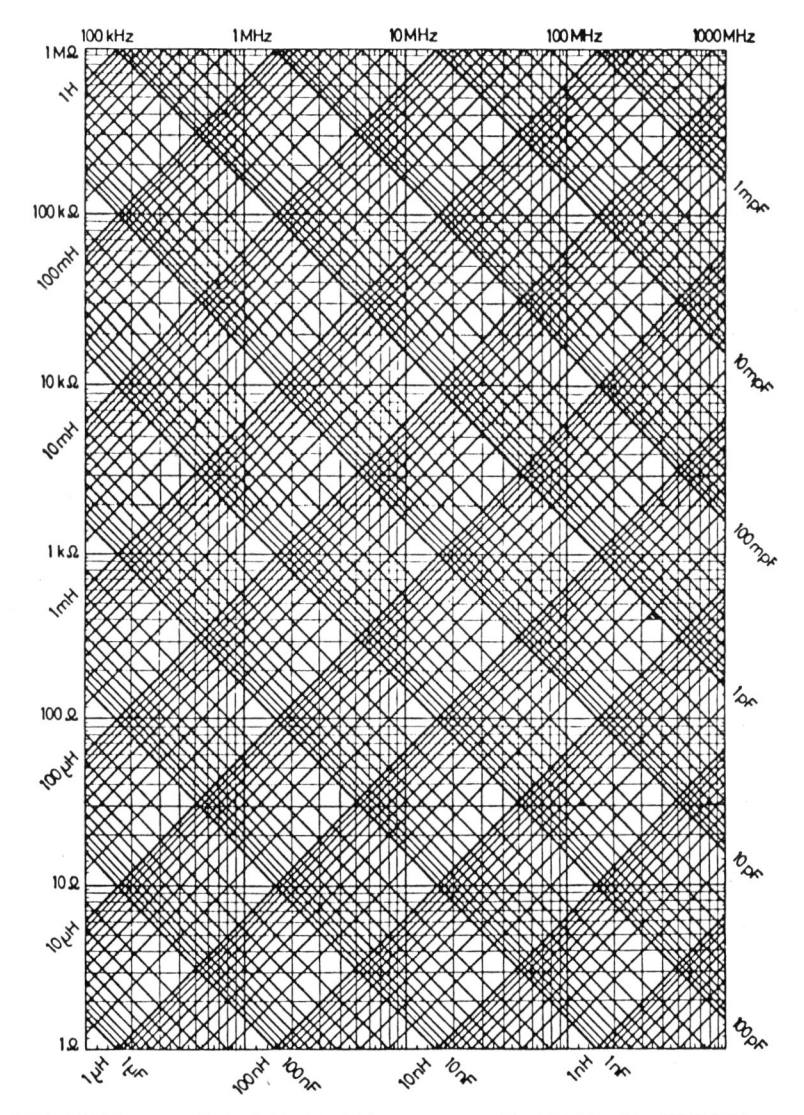

Bild 9.2: Die HF-Tapete, ein L-C-X_L-X_C-f-Nomogramm für 100 kHz bis 1000 MHz.

Komponentensparende Zwei-Transistor-Schaltung

Zwei bipolare Transistoren müssen nicht unbedingt über einen NF-Transformator oder ein RC-Glied miteinander gekoppelt werden. Das kann mit etwas Raffinesse auch direkt über einen simplen Draht erfolgen. Man erhält dann eine hohe Verstärkung bei nur wenigen Bauteilen und guter Stabilität der Schaltung. Diese zeichnet sich dabei durch einen relativ hohen Eingangswiderstand aus. Man kann sie daher auch als eine Art Universalschaltung für zwei Transistoren ansehen. Deshalb wird sie hier besonders ausführlich erläutert. Dabei wurde großer Wert gelegt auf die Beschreibung ihrer Funktionsweise bezüglich Temperaturänderungen und Tonfrequenzverstärkung. Die Verfolgung von Zustandsänderungen dürfte dabei sehr lehrreich sein. Als Gedächtnisstütze dienen dabei kleine Richtungspfeile an den Transistorelektroden. Grenzfrequenzen spielen auch hier wieder eine Rolle. Am Schluß folgen einige kennzeichnende Meßwerte in Form einer Tabelle. Beides ermöglicht dem Leser, die Schaltung auch für andere Arbeitspunkte zu dimensionieren. So z.B. für die sehr niederohmigen Walkman-Kopfhörer mit 2 x 32 Ω. Wenn es auch hier nicht weiter beschrieben werden wird: Die Schaltung läßt sich grundsätzlich auch für Hochfrequenzverstärkung verwenden.

Kleiner Rückblick

Nochmals: Die allereinfachste Stabilisierungsschaltung. Sie wurde in Bild 6.4 bereits gezeigt und ihre Funktion im zugehörigen Text ausführlich erläutert. Zur Erinnerung wird sie hier in *Bild 10.1* nochmals gezeigt. Jetzt aber mit zwei kleinen Richtungspfeilen. Sie zeigen uns die Stabilisierungsweise dieser Transistorschaltung besonders einprägsam. Diese Pfeile kommen auch später in der Beschreibung der Zwei-Transistorschaltung wieder vor. Der Umgang mit solchen Pfeilen ist sehr wichtig: Hat man später mal eine Schaltung mit vielen Transistoren vor sich, dann kann man sich von Stufe zu Stufe solche Pfeile einzeichnen und kann dann bequem die Phasenverhältnisse verfolgen, um sich z.B. Fragen wie Rückkopplung oder Gegenkopplung zu beantworten. Die sog. „Chips", von denen heute viel die Rede ist, sind nicht anderes als eine schlaue Zusammenschaltung einer Vielzahl von Transistoren. Die nachfolgende Beschreibung der Zwei-Transistorschaltung kann hier schon einen kleinen Vorgeschmack davon geben, wie solche Zusammenschaltungen in bestimmten Fällen aussehen können.

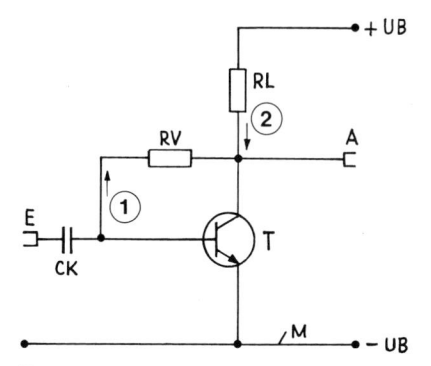

Bild 10.1: Nochmals: Die einfachste Stabilisierungsschaltung für bipolare Transistoren.

In Bild 10.1 liegt zwischen dem Kollektor des Transistors T und seiner Basis der Basis-Vorwiderstand RV. Zwischen dem Kollektor und dem positiven Pol der Stromversorgung UB befindet sich der Lastwiderstand RL. Der Emitter liegt direkt an Masse bzw. dem negativen Pol von UB. Wie wir schon wissen, hat RV drei Funktionen: Er kompensiert die Auswirkungen unterschiedlicher Umgebungstemperaturen auf den Transistor; er gleicht die Auswirkungen verschiedener Stromverstärkungsfaktoren der Transistoren auf die Schaltung aus, in der sich der Transistor befindet, und schließlich führt er der Basis einen bestimmten Basisstrom zu, damit der Transistor überhaupt Strom zieht. Durch die Pfeile, die der Deutlichkeit halber in kleine Kreise eingezeichnet sind, läßt sich die Stabilisierungsweise auf einen Blick erkennen.

Wir gehen davon aus, daß die Basis des Transistors aus irgendeinem Grunde positiver wird. (Deswegen ist Pfeil 1 nach oben gerichtet, zu UB hin). Dadurch wird nun der Stromfluß durch den Transistor größer. Als Folge hiervon wird auch der Spannungsabfall an RL größer, der Kollektor des Transistors also negativer. (Deswegen ist Pfeil 2 nach unten gerichtet). Man sieht schon an den Richtungen der beiden Pfeile, daß die momentanen Potentiale an Basis und Kollektor einander entgegengerichtet sind, sie sind ,,gegenphasig" zueinander. Man sagt auch: ,,Der Transistor dreht die Phase um 180 Grad". Was das physikalisch bedeutet, ist nicht einfach zu erklären . . ., das lernen die Studenten in den Ingenieurschulen und so. Wir merken uns nur, daß zwei Potentiale in Gegenphase liegen, wenn sie um 180 ° ,,phasenverschoben" sind. Das ist eine ganz entscheidende Voraussetzung für das Verstehen vieler Transistorschaltungen und kommt immer wieder vor. Das sollte man sich daher sehr sorgfältig einprägen. Dieser Zusammenhang ist es auch, welcher die Stabilisierung durch RV bewirkt. Auch die folgende Grundschaltung macht davon Gebrauch.

Grundschaltung der komponentensparenden Zwei-Transistor-Verstärkerschaltung

Sie zeigt *Bild 10.2*. Wie man auf den ersten Blick erkennt, sind nur wenige Bauteile für die zwei Transistoren erforderlich. (Die Koppelkondensatoren CK sind hier ohne Belang). Ein wichtiges Kennzeichen dieser Schaltung ist, daß die Basis von T 2 mit dem Kollektor von T 1 direkt, also ohne Koppel-C und so, verbunden ist. Das nennt man eine ,,galvanische Kopplung". An Widerständen gibt es nur RC 1 von T 1, den Emitterwiderstand RE von T 2 und den Basis-Vorwiderstand RV für T 1. RC 2 ist für die Funktionsweise nicht unbedingt erforderlich!

Die Arbeitsweise der Schaltung in Bild 10.2 ist leicht zu verstehen. Denn es sind im Prinzip die gleichen Gedankengänge erforderlich wie zur Schaltung nach Bild 10.1. Ürigens ist es für die Erklärung von Schaltungen immer erforderlich, von einer bestimmten Fragestellung auszugehen. Diese kann von außen vorgegeben sein (meistens vom Chef), oft muß man sie sich aber selbst wählen, wie hier.

In Bild 10.1 gingen wir davon aus, daß sich das Basispotential des Transistors in positive Richtung verschiebt und haben daran die weiteren Betrachtungen angeknüpft. Zu Bild 10.2 fragen wir jetzt: Was passiert, wenn plötzlich der Kollektorstrom von T 2 infolge Erhöhung der Umgebungstemperatur ansteigt? Also, zunächst wird der Innenwiderstand von T 2 kleiner und damit der Spannungsabfall an RE größer als vorher (Pfeil 1 nach oben). Diese Änderung ins Positive wird durch RV an die Basis von T 1 übertragen, siehe Pfeil 2. Infolge der Gegenphasigkeit von Kollektorpotentialänderungen gegenüber Basispotentialänderungen bei solchen Transistorschaltungen steigt nun auch der Kollektorstrom von T 1 an. Das wiederum erzeugt einen größeren Spannungsabfall an RC 1 und damit eine Änderung des Kollektorpotentiales von T 1 in das Negative (siehe Pfeil 3). Diese Änderung wird nun direkt an die Basis von T 2 übertragen und wirkt dem vorherigen Anstieg des Kollektorstromes in T 2 entgegen (siehe Pfeil 4). Es handelt sich mithin um eine „Temperatur-Gegenkopplung". Schwer?

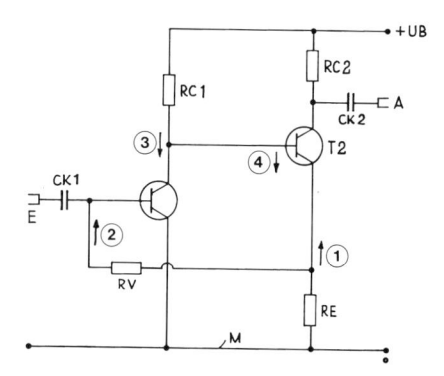

Bild 10.2: Grundschaltung der komponentensparenden Zwei-Transistorschaltung mit Zustandssymbolen für Temperaturstabilisierung.

Die vorstehende Betrachtung bezog sich nur auf die gleichstrommäßigen Verhältnisse dieser Schaltung. In aller Regel wird sie aber als NF-Verstärker eingesetzt. Wir fragen daher weiter: Wie verhält sich diese Schaltung, wenn über CK 1 eine NF-Wechselspannung zugeführt und über CK 2 wieder abgenommen wird?

Um Verwechslungen zu vermeiden, wurde diese Schaltung in *Bild 10.3* nochmals abgebildet; die Pfeile sind aber jetzt mit eckig umrandeten Ziffern versehen. Als Voraussetzung

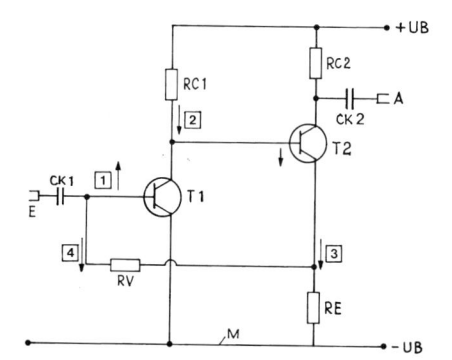

Bild 10.3: Grundschaltung aus Bild 10.2 mit Zustandssymbolen für Wechselspannungsverhältnisse.

sei jetzt angenommen, daß von CK 1 der Basis von T 1 gerade eine Halbwelle in positiver Richtung zugeführt wird, wie Pfeil 1 zeigt. Durch den dann höheren Kollektorstrom fällt an RC 1 eine höhere Spannung ab als vorher und es entsteht eine negative Halbwelle (Pfeil 2) am Kollektor von T 1 und ebenfalls an der Basis von T 2. Dadurch wird der Kollektorstrom von T 2 verringert. Demzufolge fallen an RC 2 und RE kleinere Spannungen ab als vorher. Das bedeutet aber, daß am Emitter von T 2 eine negative Halbwelle entsteht, wie Pfeil 3 zeigt. Diese wird nun über RV an die Basis von T 1 zurückgeführt. Wie Pfeil 4 zeigt, liegt diese Rückführspannung in Gegenphase zur ursprünglichen Halbwelle (Pfeil 1) und schwächt diese ab. Das ist aber nichts anderes als eine Wechselspannungs-Gegenkopplung über beide Stufen. Sie setzt die mögliche Verstärkung entsprechend herab.

Die praktische Schaltung

In den Bildern 10.1 bis 10.3 wurden absichtlich keine Einzelteilewerte eingesetzt. Denn es ging allein um die reine Verfolgung von Potential-Zustandsänderungen an den Transistorelektroden über die ganze Schaltung hinweg zurück zu deren Eingang. Diese Schaltungen sind daher eine gute Möglichkeit, elektronisches Denken zu üben. Hierzu sind aber Einzelteilewerte entbehrlich und geradezu ein Ballast.

Um mit den Schaltungen aus Bild 10.2 oder 10.3 einerseits die volle NF-Verstärkung zu erzielen, andererseits aber die erwünschte Temperaturgegenkopplung zu erhalten, muß dafür gesorgt werden, daß die NF-Spannung an RE nicht mit an die Basis von T 1 zurückgeführt wird. Das kann auf zweierlei Weise geschehen. Dies zeigen die, nun dimensionierten, Bilder 10.4 und 10.5.

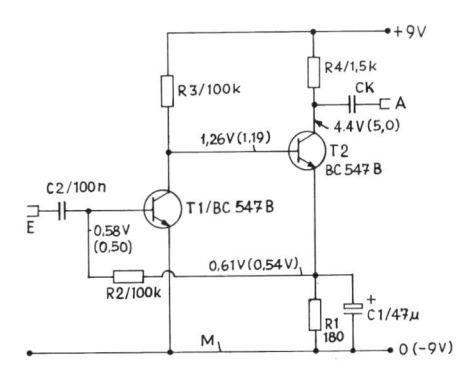

Bild 10.4: Schaltung nach Bild 10.3 mit Bauteilewerten und Gleichspannungs-Meßwerten.

In *Bild 10.4* ist dem Emitterwiderstand R 1 von T 2 ein Elektrolytkondensator C 1 parallelgeschaltet; die übrige Schaltung entspricht Bild 10.3. C 1 leitet die NF-Amplituden des Kollektor-Wechselstromes, der ja auch durch R 1 fließen würde, an R 1 vorbei. Deswegen muß der Wechselstromwiderstand von C 1 sehr klein sein gegenüber dem Wert von R 1. Beide bilden wieder ein RC-Glied, wie es uns schon bekannt ist. Seine Grenzfrequenz muß unter der niedrigsten NF-Frequenz liegen, die noch ungeschwächt übertragen werden soll. Mit den angegebenen Werten von R 1 und C 1 ergibt sich eine Grenzfrequenz von ca. 20 Hz. Man sieht, daß man C 1 gar nicht besonders groß zu wählen braucht, um mit der Grenzfrequenz recht weit herunter zu kommen. Bemerkenswert an der Schaltung ist der recht hohe Wert von R 3 mit 100 kΩ. T 1 wird mithin „stromarm" betrieben.

Mit den eingezeichneten Werten der Bauteile ergeben sich die angegebenen Gleichspannungswerte, wenn für T 1 und T 2 Typen mit einer Stromverstärkung B von 200 gewählt werden. Setzt man Typen mit einem B von 300 ein, so erhält man die in Klammern angegebenen Spannungswerte. Sie wurden mit einem Digital-Voltmeter gemessen.

Wie man sieht, ist die Schaltung sehr unempfindlich gegenüber Exemplarstreuungen bei den Transistoren. Das Gleiche gilt gegenüber Schwankungen der Umgebungstemperatur.

Mit den angegebenen Werten der Bauteile wurde eine Leerlaufverstärkung von rund 1000 gemessen. Leerlaufverstärkung Das ist diejenige Verstärkung, die man mißt, wenn man den Ausgang A sehr hochohmig mit Masse verbindet. Wenigstens mit dem 20fachen des Ausgangswiderstandes R 4, besser mit mehr. In der Praxis wird aber der Ausgang einer NF-Schaltung sehr oft niederohmiger „abgeschlossen". Beispielsweise mit dem Eingang einer weiteren Transistorstufe mit bipolaren Transistoren. Deswegen wurde noch die Verstärkung mit einem Abschlußwiderstand von 1 kΩ zwischen A und Masse gemessen. Es ergab sich immerhin noch eine Verstärkung von rd. 300. Mit höheren Abschlußwiderständen steigt dementsprechend die Verstärkung an, bis sie bei unbelastetem Ausgang ihren Maximalwert erreicht.

Der Eingangswiderstand

Der Eingang der Schaltung (E) ist erfreulich hochohmig. Der Eingangswiderstand beträgt rund 40 kΩ. Wie man den mißt? Dazu eine Überlegung: Wenn man an den Ausgang A ein NF-Voltmeter anschließt und zwischen einem Tongenerator und dem Eingang E einen einstellbaren Längswiderstand (Potentiometer), so müßte folgendes möglich sein: Bei Widerstand Null des Längswiderstandes und passender Spannung des Tongenerators liest man am Voltmeter einen bestimmten Wert ab. Würde man nun den Längswiderstand so weit vergrößern, bis die NF-Spannung am Voltmeter nur noch halb so groß ist wie vorher, dann müßte der eingestellte Wert des Längswiderstandes genau so groß sein, wie der Eingangswiderstand der Schaltung (Spannungsteilerprinzip!). Genau so ist es auch und man braucht dann nur noch den eingestellten Widerstandswert des Längswiderstandes mit dem Ohmmeterteil eines Multimeters zu messen, um unmittelbar den Wert des Eingangswiderstandes zu erhalten. Man muß dabei nur beachten, daß T 2 nicht übersteuert wird.

Auf die gleiche Weise kann man auch den Eingangswiderstand von T 2 messen. Er wurde hier nicht ermittelt. Er liegt aber erfahrungsgemäß bei ein paar kΩ. Er kann dann von Bedeutung sein, wenn man etwa die Höhen „abschneiden" oder wenn man vermutete Hochfrequenzreste nach Masse ableiten will. Hierzu ist der Verbindungspunkt zwischen dem Kollektor von T 1 und der Basis von T 2 recht gut geeignet. Man kommt da aber durch praktische Hörversuche oder überschlägige Betrachtungen auch gut zurecht.
Beispiel: Der Eingangswiderstand von T 2 wird mit 2 kΩ angenommen und es soll restliche HF nach Masse abgeleitet werden. Dann ergibt ein Kondensator von 1 nF mit den

2 kΩ eine Grenzfrequenz von rd. 80 kHz. Ein Wert der schön in der Mitte liegt zwischen der obersten hörbaren Tonfrequenz (ca. 15 kHz) und der untersten Langwellenfrequenz von 150 kHz. Etwas mehr oder weniger macht daher kaum etwas aus. Eine größere Genauigkeit ist also gar nicht erforderlich.

Schaltung ohne Elektrolytkondensator

In Bild 10.4 wurde eine NF-Gegenkopplung dadurch vermieden, daß eine NF-Spannung an R 1 gar nicht erst entstehen konnte, weil der Elko C 1 den Kollektor-Wechselstrom an R 1 vorbeileitete. Nun kann man auch ohne Elko auskommen. Das zeigt *Bild 10.5*. Hier ist R 2 aus Bild 10.4 aufgeteilt in zwei gleiche Widerstände von 50 kΩ (in der Praxis nimmt man die Normwerte 47 kΩ). Am Verbindungspunkt von beiden liegt C 3 nach Masse und leitet die NF nach Masse ab. Für die Ermittlung der Grenzfrequenz kommen hier C 3 und R 5 in Betracht. Mit den eingezeichneten Werten ergibt sich eine Grenzfrequenz von rd. 30 Hz.

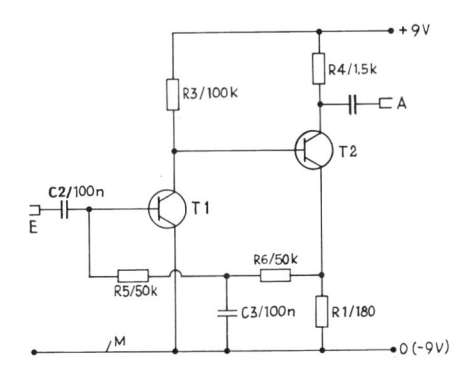

Bild 10.5: Die Schaltung nach Bild 10.4 ohne Elektrolytkondensator.

Anwendungstips

R 4 kann man durch die in Serie geschalteten 600-Ohm-Spulen von Sennheiser-Kopfhörern (z.B. unseren HD 40) ersetzen. Man erhält dann einen hochverstärkenden Kopfhörerverstärker.

Die Schaltungen nach den Bildern 10.4 und 10.5 sind für einen weiten Versorgungsspannungsbereich von 9 bis 18 Volt verwendbar. Wie Messungen ergaben, fließt bei allen Spannungen stets der gleiche Kollektorstrom in T 2. Der Kollektorstrom von T 2 ist mithin von der gerade am Kollektor anliegenden Spannung unabhängig. Das ermöglicht die Erstellung einer einfachen Tabelle, in welcher die sich einstellenden Kollektorströme angegeben sind, die sich bei verschiedenen R 1 einstellen. R 1 ist fast allein für den Wert des Kollektorstromes von T 2 maßgebend. *Bild 10.6* zeigt diese Tabelle.

Der Praktiker kann nun leicht auswählen, bei welchem Kollektorstrom er T 2 arbeiten lassen will, welchen Emitterwiderstand R 1 hierzu benötigt und wie groß dann R 4 sein muß, wenn T 2 bei einer bestimmten Kollektorspannung arbeiten soll.

R1 (Ω)	47	68	100	150	220	330	470	680	1000	1200	1500
I_{T2} (mA)	11	9,2	6,0	3,9	2,8	1,6	1,3	0,9	0,65	0,55	0,45

Bild 10.6: Tabelle von Emitterwiderständen R 1 und zugehörigen Kollektorstromwerten von T 2 der Schaltung nach Bild 10.3.

Beispiel: Ein reiner Spannungsverstärker soll mit möglichst kleinem Kollektorstrom von T 2 arbeiten (so um 0,5 mA) und am Kollektor sollen dabei etwa 5 Volt stehen. Aus Bild 10.6 entnehmen wir für einen R 1 von 1,2 kΩ einen Kollektorstrom von 0,55 mA. Da an R 4 rund 4 Volt abfallen müssen, ergibt sich für R 4 ein Wert von 7272 Ohm (4 : 0,00055 = 7272). Man wird dann den benachbarten Normwert wählen von 6,8 kΩ oder 8,2 kΩ, je nachdem, ob man eine kleine Abweichung nach oben oder unten zulassen will.

Simplex-K

Nach der Theorie soll nun wieder die Praxis zum Zuge kommen. Die eben beschriebene komponentensparende Zwei-Transistor-Verstärkerschaltung wird in Simplex-K angewendet, einem einfachen Kurzwellenempfänger mit drei Transistoren. Er ist dimensioniert für den Empfang des 49 Meter-Rundfunkbandes, kann aber auch leicht für das 80 Meter-Amateurband umgerüstet werden. Auch Mittelwellenempfang ist möglich. Der Zwei-Transistor-Verstärkerschaltung ist eine aus Kreisen der Kurzwellenamateure stammende Demodulatorstufe vorgeschaltet. Eine Rückkopplung ist hier unerläßlich. Die Demodulatorschaltung hat den Vorteil, daß eine Rückkopplungsspule entbehrlich ist. Ein anderer wichtiger Vorteil ist, daß die Einstellung der Rückkopplung rein gleichstrommäßig erfolgt. Daher kann der Aufbau des Gerätes wieder sehr einfach auf unserer Radio-Bank erfolgen.

Die Schaltung von Simplex-K

Bild 11.1 zeigt sie. Wir fangen wieder von hinten an. T 3 ist der Endtransistor. Sein Emitterwiderstand ist wieder mit R 1 bezeichnet, der Parallelkondensator dazu mit C 1. R 2 dient wieder zur gleichstrommäßigen Rückführung; R 3 mit 100 kΩ ist wieder der Kollektorwiderstand der NF-Vorstufe. Als Lastwiderstand von T 3 dient unmittelbar der Kopfhörer KH. T 3 wird stromarm betrieben. Deswegen ist R 1 mit 470 Ohm so gewählt, daß ein Kollektorstrom von nur 1,3 mA fließt. Das langt für einwandfreie Kopfhörerwiedergabe, hat aber verschiedene Vorteile. Der Stromverbrauch des Gerätchens ist mit 2 ... 2,8 mA sehr gering; beim Experimentieren mit ihm muß man sich daher kaum zeitliche Beschränkungen auferlegen. Sodann kann man auch „magnetische" Kopfhörer mit bis zu 4000 Ohm Widerstand verwenden, welche jetzt wieder preiswert erhältlich sind (Conrad Electronic). Allerdings ist ihre Klangqualität wesentlich schlechter als diejenige unseres HD 40, welcher ein „dynamischer" HiFi-Kopfhörer ist.

Die NF-Verstärkung ist einstellbar ausgebildet mit P 1. C 2 ist erforderlich, damit das über R 2 an die Basis geführte Gleichspannungspotential nicht woanders hin abfließen kann. C 3 dient zur Höhenabsenkung und wurde gehörmäßig ermittelt. Für eine eventuelle weitere Höhenabsenkung empfiehlt es sich, einen zusätzlichen Kondensator dem Kopfhörer KH parallel zu schalten. C 4 sichert einen gleichbleibend niedrigen Wechselstrom-Innenwiderstand der Stromversorgung bei alternden Batterien.

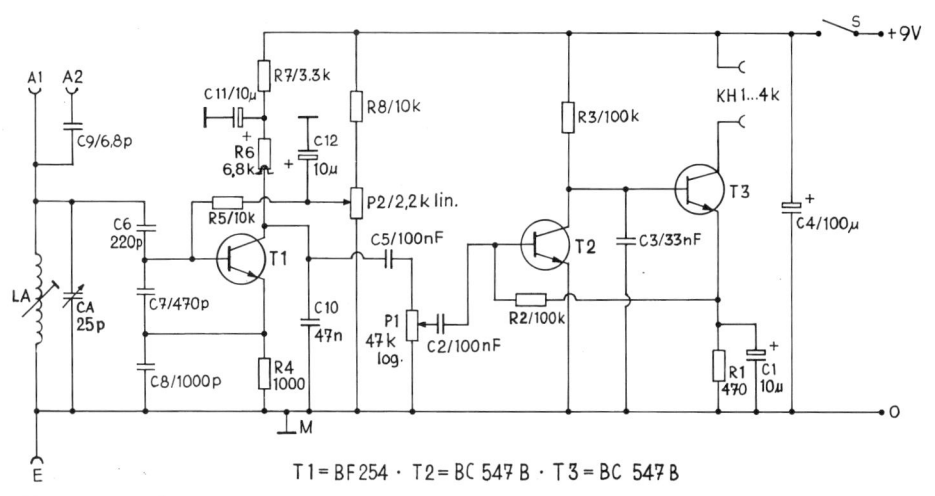

Bild 11.1: Die Schaltung von Simplex-K.

C 5 bewirkt die gleichstrommäßige Trennung von P 1 gegenüber dem Kollektor von T 1. Links von C 5 können beliebige Tonfrequenzquellen angeschlossen werden. Wie z.B. auch die Eingangsstufen von Simplex-1 oder Simplex-2, wenn man die Transformatorkopplung durch RC-Kopplungen ersetzt. Lötösen für entsprechende Versuche sind auf der Radio-Bank genügend vorhanden.

Bei der Demodulatorstufe mit T 1 fällt auf, daß eine Diode fehlt. Das ist kein Zeichenfehler . . ., ihre Funktion wird vom Transistor mit übernommen. T 1 ist an den Schwingkreis LA/CA angekoppelt über die Serienschaltung der Kondensatoren C 6, C 7, C 8. Diese liegen ihrerseits parallel zum Abstimmdrehko CA. Die gesamte, am Schwingkreis wirksame Kapazität wird also gebildet aus CA und der ihr parallelliegenden resultierenden Kapazität aus C 6, C 7 und C 8. Mit welchem Wert muß nun gerechnet werden? Zunächst ermitteln wir die resultierende Kapazität aus C 6, C 7 und C 8. Diese ist kleiner als die Kleinste von ihnen. Sie richtet sich nach der Formel:

$$\frac{1}{C_{ges}} = \frac{1}{C1} + \frac{1}{C2} + \frac{1}{C3} + \ldots \quad (1)$$

Mit einem üblichen Taschenrechner ist das leichter auszurechnen, als es auf den ersten Blick erscheint. Man rechnet zunächst die Brüche auf der rechten Seite einzeln aus und addiert die Ergebnisse im Speicher („M+"). Dann teilt man die Ziffer 1 durch „MR" ..., fertig. Es geht also ganz ohne Papier.

Tut man das nun mit C 6, C 7 und C 8, so erhält man als Gesamtwert von ihnen 130 pF. Die Anfangskapazität von CA ist mit 2 pF anzusetzen. Hinzu kommt noch die Verdrahtungskapazität (Verbindungsdrähte zueinander), welche man mit 10 pF ansetzen kann. Demzufolge wirken als gesamte Kreiskapazität ca. 142 pF (130 + 2 + 10). Das ist die minimale Kreiskapazität. Die maximale Kreiskapazität (eingedrehter CA) wäre dann ca. 165 pF (130 + 25 + 10). Einen absolut exakten Wert kann man nicht ermitteln, denn die Kondensatoren C 6, C 7 und C 8 haben Toleranzen und die Verdrahtungskapazität kennt man auch nicht genau. Man hilft sich in der Praxis dadurch, daß man die Schwingkreis-Induktivität LA einstellbar macht, so um ± 10 % vom Sollwert oder mehr.

Wie groß muß nun LA sein? Das richtet sich nach der Formel:

$$L = \frac{25{,}3 \times 10^3}{f^2 \times C} \quad [\mu H, MHz, pF] \qquad (2)$$

Das 49 Meter-Band umfaßt den Frequenzbereich von 5950 bis 6200 kHz bzw. 5,95 bis 6,2 MHz. Da noch ein paar Sender außerhalb dieses Bereiches liegen, rechnen wir mit 5,9 bis 6,3 MHz. Die 5,9 MHz müssen bei maximaler Kreiskapazität (165 pF) erreicht werden, die 6,3 MHz bei minimaler (142 pF). Das ist die Formel (2). Eingesetzt erhält man:

$$L = \frac{25{,}3 \times 10^3}{5{,}9^2 \times 165}$$

$$= \frac{25\,300}{35 \times 165}$$

$$= \frac{25\,300}{5\,775}$$

$$= 4{,}38\ \mu H..., \text{ also rund } \mathbf{4{,}4\ \mu H}$$

Für die Ermittlung der oberen Frequenzgrenze dient folgende Formel:

$$f = \frac{159{,}2}{\sqrt{L \times C}} \quad [MHz, \mu H, pF] \qquad (3)$$

Setzen wir unsere Werte für L und C ein, so ergibt sich folgendes:

$$f = \frac{159{,}2}{\sqrt{4{,}4 \times 142}}$$

$$= \frac{159{,}2}{\sqrt{625}}$$

$$= \frac{159{,}2}{25}$$

$$= \mathbf{6{,}37\ MHz}$$

Das 49 Meter-Band wird also, wie gewünscht, überstrichen. Der Vollständigkeit halber noch die Formel für C:

$$C = \frac{25{,}3 \times 10^3}{f^2 \times L} \text{ [pF, MHz, µH]} \qquad (4)$$

Nun zurück zu Bild 11.1. Die Antenne kann über die Buchse A 1 direkt an den „Hochpunkt" des Schwingkreises angekoppelt werden. Oder über A 2 unter Zwischenschaltung von C 9 mit 6,8 pF. A 1 ist für ganz kurze Antennen (unter 1 Meter Länge) bestimmt, A 2 für etwas längere Antenne (1 ... 5 Meter). Auffällig ist zweierlei. Der Kollektor von T 1 ist durch C 10 mit 47 nF hochfrequenzmäßig an Masse gelegt. Der Basis von T 1 kann über R 5 ein von Null bis ca. 1,6 Volt einstellbares Basispotential zugeführt werden. Dazu dient P 2, welches über R 8 mit 10 kΩ an Plus liegt. C 12 dient zur Vermeidung von Knackgeräuschen beim Verstellen von P 2. Der Kollektor von T 1 arbeitet auf den Widerstand R 6. C 11 und R 7 dienen einerseits zur Brummsiebung, wenn das Gerät mit einem Netzadapter betrieben werden soll. Zum anderen zur Verhütung von Schwingneigung durch NF-Impulse, welche von T 3 und schlechtem C 4 noch auf der Stromversorgung herumgeistern könnten. Neu ist zeichnungsmäßig, daß die negativen Anschlüsse von C 11 und C 12 nicht an die Masseleitung heruntergeführt sind, sondern aus Einfachheitsgründen in einem Massesymbol enden. Man findet in der Literatur auch Schaltungen, die keine Masseleitungen enthalten, sondern bei denen an jedem an Masse liegendem Bauteil kurzerhand ein Massesymbol dargestellt ist. R 4 ist der Emitterwiderstand; er ist für die Schaltung funktionswesentlich.

Die Arbeitsweise der Demodulatorstufe von Simplex-K

Wie erwähnt, ist der Kollektor von T 1 durch C 10 hochfrequenzmäßig (!) „auf Masse gelegt". Die Kollektorelektrode ist mithin hier sowohl dem Ausgangskreis als auch dem Eingangskreis gemeinsam! (Man betrachte zum Vergleich Bild 3.7 nebst Text). Das ist ein Unterschied zu unseren bisherigen Transistorschaltungen. Dort handelte es sich stets um eine „Emitter-Grundschaltung", hier aber haben wir eine „Kollektor-Grundschaltung" vor uns. Ein- und Ausgangsfunktionen spielen sich dabei allein zwischen Basis und Emitter ab. Und das geht hier so: Angenommen mit P 2 wird ein kleiner Kollektorstrom eingestellt und vom Schwingkreis würde gerade eine positive Halbwelle an die Basis von T 1 geliefert. Dann zieht T 1 einen entsprechenden positiven Stromimpuls. Dieser fließt nun auch durch C 8, denn dessen kapazitiver Widerstand ist wesentlich niedriger als der Wert von R 4. Über C 8 wird mithin der positive Kollektor-Stromimpuls phasenrichtig in den Schwingkreis zurückgekoppelt. Weil dieser Impuls durch T 1 verstärkt ist, kann das bis zur Selbsterregung geschehen. Mit P 2 läßt sich nun der Punkt unmittelbar vor dem Schwingungseinsatz einstellen, das ist der Punkt höchster Empfindlichkeit und Trennschärfe. Dabei werden gekrümmte Kennlinienteile „durchfahren", welche die Demodulation anstelle einer Diode übernehmen.
Merke: Auch eine gekrümmte (nichtlineare) Kennlinie kann amplitudenmodulierte Schwingungen demodulieren.

Das ist aber noch nicht alles. C 10 verbindet den Kollektor von T 1 nur hochfrequenzmäßig mit Masse, nicht aber niederfrequenzmäßig! Demzufolge kann an R 6 die demodulierte HF, also die NF, einen gewünschten Spannungsabfall hervorrufen, welcher dann über C 5 an P 1 geführt wird. Für die NF arbeitet T 1 somit in Emitter-Grundschaltung!

Der Aufbau von Simplex-K

Das Gerät ist wieder auf unserer Radio-Bank aufgebaut. *Bild 11.2* zeigt die Vorderansicht des Gerätes. Ganz links ist die Feintrieb-Skala zu sehen (RIM-Elektronik, Best.-Nr. 35-35-110). *Bild 11.3* zeigt einen Blick auf die noch nicht verdrahtete Radio-Bank. Rechts zwischen den Lötösenleisten befindet sich die Schwingkreisspule. Sie ist in *Bild 11.4* vergrößert dargestellt und wird später erläutert. Im Bild rechts oben ist der Abstimmdrehko zu sehen (Fa. Hopt, 7464 Schömberg 2, Typ.Nr. 220 A2-3/25). Es ist ein sog. ,,Lufttrimmer", welcher hier auf einem Aluminiumwinkel sitzt und von der Feintriebskala angetrieben wird.

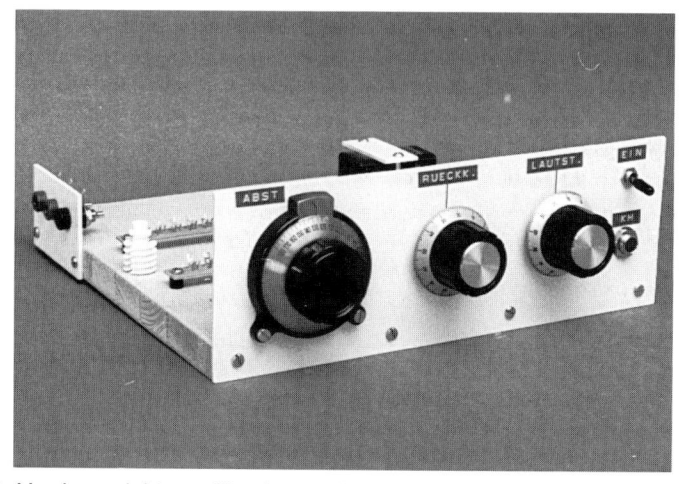

Bild 11.2: Die Vorderansicht von Simplex-K. Ganz links die Feintrieb-Skala.

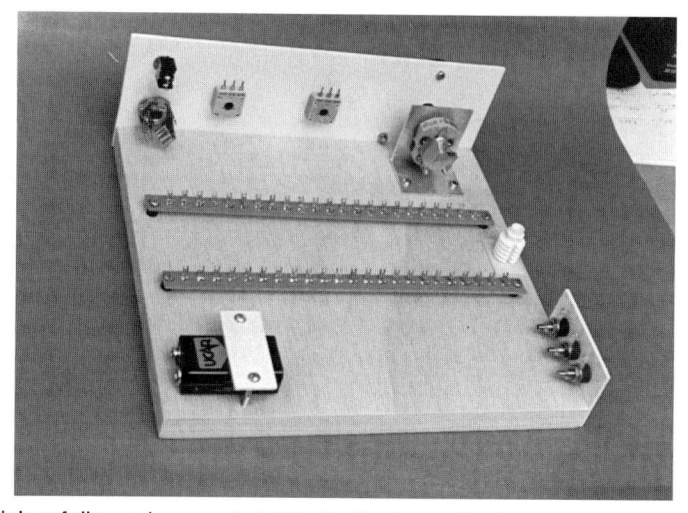

Bild 11.3: Blick auf die noch unverdrahtete Radio-Bank. Rechts zwischen den Lötösenleisten der Spulenkörper für die Schwingkreis-Induktivität.

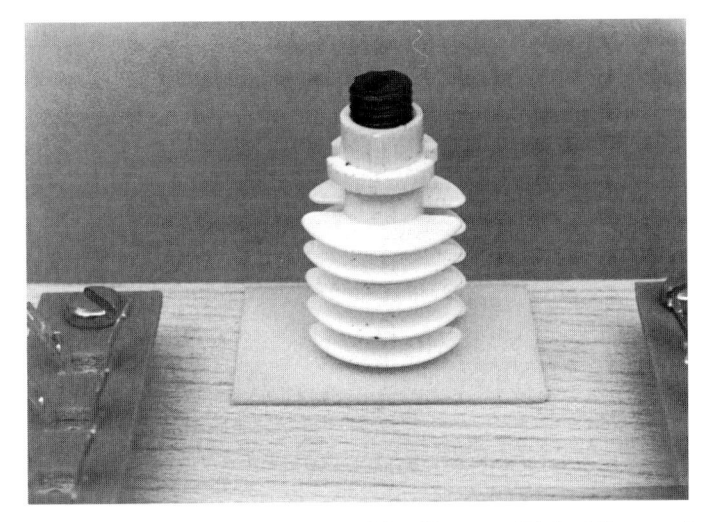

Bild 11.4: Die Schwingkreisspule. Es ist ein Vier-Kammer-Wickelkörper mit einem eindrehbaren 6 mm-Ferrit-Eisenkern.

Bild 11.5 zeigt einen Ausschnitt mit Drehko und Winkel. *Bild 11.6* zeigt einen Blick auf die Feintrieb-Skala.

Bild 11.5: Der Abstimmdrehko mit Montagewinkel.

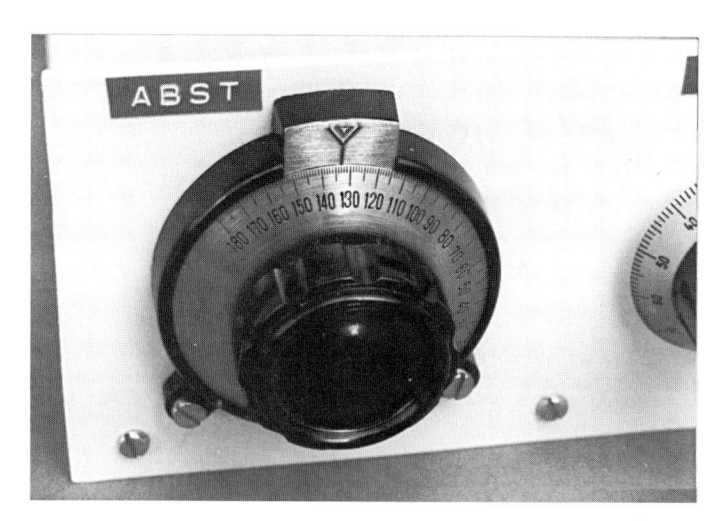

Bild 11.6: Die Feintrieb-Skala.

Die Lötösenleisten sitzen hier etwas weiter hinten auf der Radio-Bank als bei Simplex-1 und Simplex-2. *Bild 11.7* zeigt die Bemaßung der Grundplatte. In *Bild 11.8* sind die Abmessungen und Bohrungen der Frontplatte angegeben, während *Bild 11.9* den Trägerwinkel für den Abstimmdrehko zeigt.

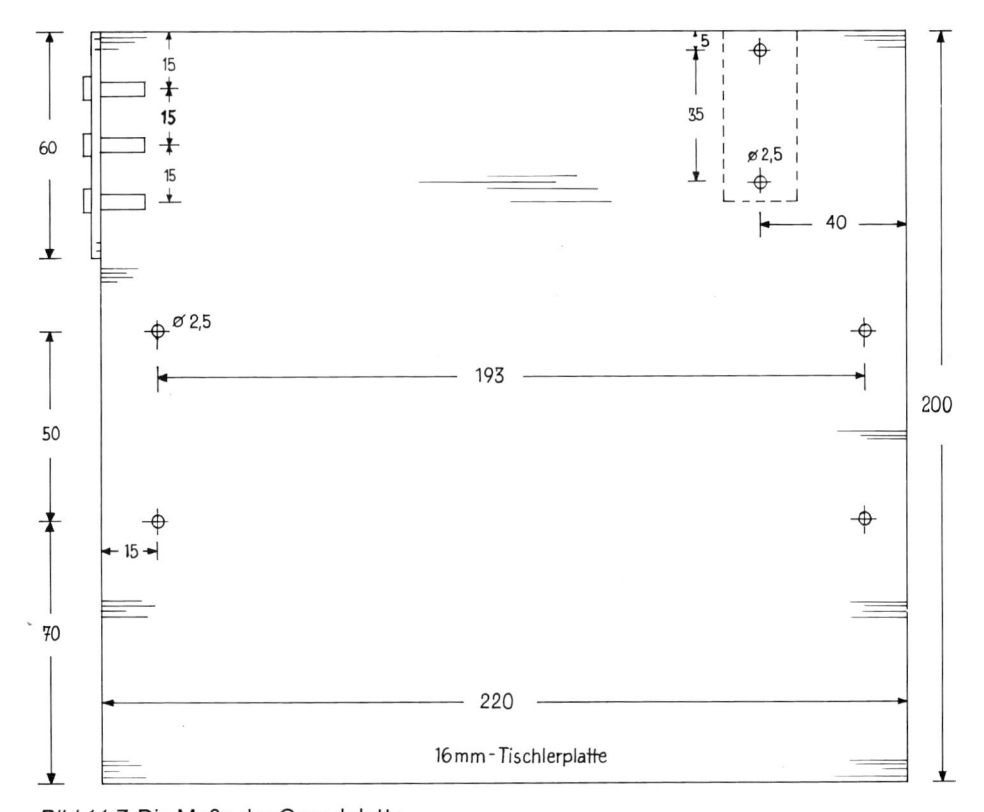

Bild 11.7: Die Maße der Grundplatte.

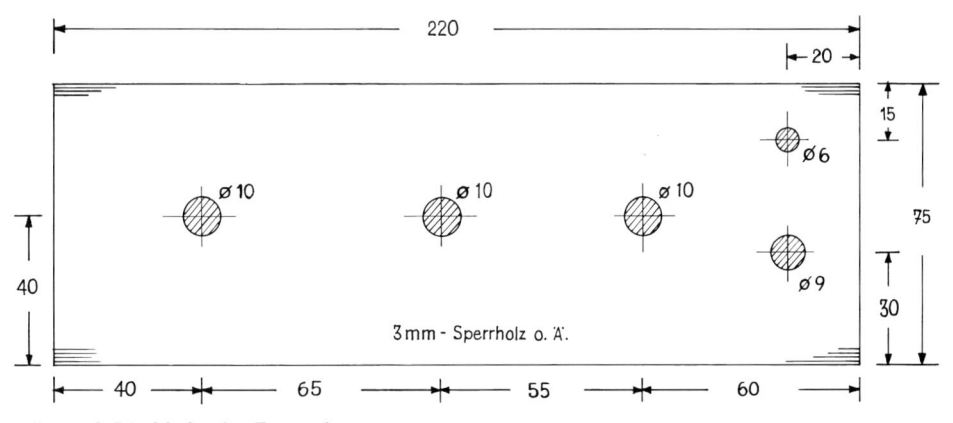

Bild 11.8: Die Maße der Frontplatte.

ausprobieren!

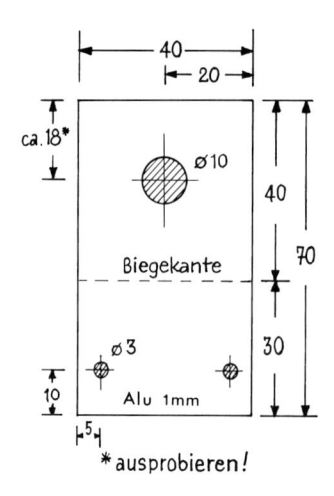

Bild 11.9: Der Montagewinkel für den Abstimmdrehko.

Der Verdrahtungsplan ist in *Bild 11.10* abgebildet. Dem Leser wird dringend empfohlen, die Bilder 11.1 und 11.10 miteinander zu vergleichen und die Einzelteilewerte mit feinem Bleistift einzutragen. Dieser Verdrahtungsplan ist nur als Vorschlag zu werten. Es sind verschiedene eigenständige Lösungen möglich. Man sollte sich dabei nicht scheuen ein paar blanke Draht-Querverbindungen vorzusehen, wie hier z.B. bei Lötösen Nr. 11 und 11 a.

Am Transistor T 1 (BF 254) sind die Beinchen mit einer anderen Elektrodenfolge beschriftet als bei T 2 und T 3 (BC 547 B). Das ist kein Zeichenfehler. Denn T 1 zählt, erkennbar am „F" in seiner Typenbezeichnung, zu den sog. HF-Transistoren. Und bei denen ist (meistens) die Elektrodenfolge anders als bei den NF-Transistoren. Der Emitter liegt da in der Mitte und schirmt dadurch die Basis ein wenig gegenüber dem Kollektor ab.

Wichtig ist auch, daß, wie gezeichnet, der Rotor von CA mit der Masseleitung M verbunden wird und nicht der Stator. Sonst wird der Schwingkreis „verstimmt", wenn man CA verstellt. C 7, C 8, C 10 und R 2 liegen nicht an Lötösen. Sie sind exakt so eingelötet, wie in Bild 11.10 dargestellt. C 6, C 7 und C 8 sind Keramik-Scheibenkondensatoren. C 2, C 3 und C 5 sind Polyesterfilm-Rollkondensatoren (Typ MKT 1813; RIM).

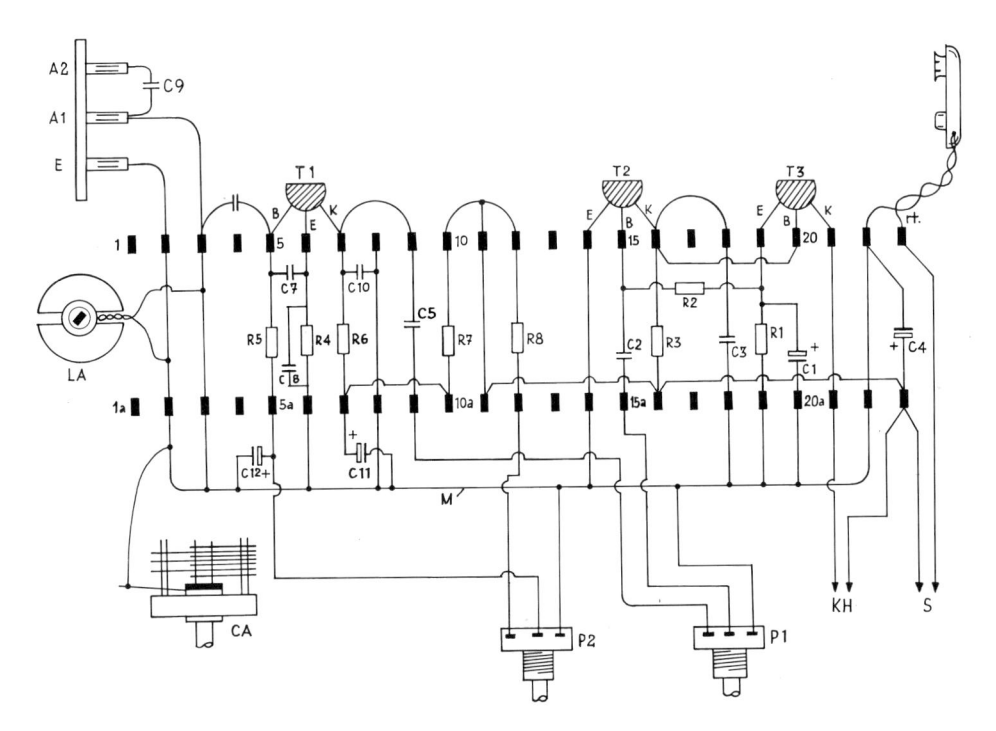

Bild 11.10: Der Verdrahtungsplan.

Die Schwingkreisspule LA

Sie besteht aus weißem Kunststoff und ist auf der Radio-Bank durch ein Stückchen beidseitig klebendem Klebeband, sog. „Verlegeband", befestigt (siehe Bild 11.4). Sie ist bei MIRA-Elektronik, Beckschlagergasse 9, 8500 Nürnberg 1, erhältlich. Von den vier Kammern werden nur die Kammern 2, 3, 4 verwendet; die Kammer 1 bleibt leer.

Zur Änderung des Induktivitätswertes dient ein 6 mm-Rollenkern aus schwarzem Eisenferrit mit einer violetten Farbkennzeichnung. Er ist in Bild 11.4 oben deutlich zu erkennen. Wird er ganz in den Kammerkörper hineingeschraubt, so ist die Induktivität am größten. Der Ferritkern bewirkt eine Konzentration des magnetischen Spulenfeldes, weil er für die magnetischen Feldlinien einer Spule einen sehr viel kleineren magnetischen Widerstand hat als Luft. Deswegen kommt man hier auch mit viel weniger Drahtlänge aus als bei reinen Luftspulen (z.B. unserer Korbbodenspule). Solche Spulen mit Ferritkern haben noch einen weiteren, bedeutsamen Vorteil: Sie können besonders leicht dimensioniert werden. Ihre Windungszahl richtet sich nach folgender einfachen Formel:

$$w = k \times \sqrt{mH} \quad (5)$$

w ist die gesuchte Windungszahl, k ist ein Faktor, der hauptsächlich von der Art des Ferritkerns abhängt, insbesondere von dessen Volumen und Gestalt. Für unsere Spule beträgt k 280. Demgemäß lautet die Formel für die in Bild 11.4 gezeigte Spule:

$$w = 280 \times \sqrt{mH} \quad (6)$$

Damit kann man sich Spulen nahezu beliebiger Induktivität herstellen. Für unser 49 Meter-Band benötigen wir eine Induktivität von rd. 4,4 µH (Mikrohenry). Dazu ermitteln wir folgende Windungszahl:

$$\begin{aligned} w &= 280 \times \sqrt{0{,}0044} \\ &= 280 \times 0{,}066 \\ &= \mathbf{18{,}48 \ Windungen} \end{aligned}$$

Wir wählen 18 Windungen Draht 0,3 CuL und teilen sie auf in 3 x 6 Windungen. **Ein Tip:** Man führt den Drahtanfang durch die Kammern 1, 2, 3 hindurch in die Kammer 4. Dann bewickelt man die Kammer 4 und danach rückwärts die Kammern 3 und 2 mit je 6 Windungen. Dann kann man den Drahtanfang und das Drahtende bequem 3 . . . 4 mal miteinander verdrillen, so daß die Wicklungen hinreichend fest zusammenhalten.

Für das 80 Meter-Amateurband wird eine Induktivität von rd. 12,5 µ benötigt. Das erfordert 31 Windungen 0,3 CuL. Diese werden in der gleichen Weise in die Kammern 2, 3 und 4 gewickelt.

Wer Mittelwelle empfangen will, verwende seinen 500 pF-Quetschdrehko von Simplex-1 bzw. Simplex-2. Wegen der durch C 6, C 7 und C 8 vorgegebenen Parallelkapazität von rd. 140 pF kann der Empfang nur in zwei überlappenden Bereichen erfolgen. Wegen dieser Überlappungen kann man auf eine Einstellbarkeit der Induktivität verzichten und Festinduktivitäten verwenden (RIM). Diese sehen genau so aus wie Widerstände und die Ringbezifferung bedeutet Mikrohenry. Wir benötigen eine mit 150 µH und eine mit 68 µH. Auch Langwellenempfang ist möglich. Hierzu kommen wir mit einer Festinduktivität von 2200 µH aus.

Die Einstellung der Induktivität darf nicht mit einem üblichen Schraubendreher erfolgen, denn durch dessen Metall würde die Spule verstimmt. Das Einstellwerkzeug muß nichtmetallisch sein. Es gibt da besondere ,,Abgleich-Werkzeuge". Man kann sich auch ein Plastikstäbchen (z.B. Plastik-Stricknadel) entsprechend herrichten. Sicherlich gibt es noch andere Hilfsmittel. Damit der Ferritkern im Wickelkörper kein "Spiel" hat, wickelt man einen schmalen Streifen Plastikfolie (z.B. von Einkaufstüte) mit in das Gewinde ein (ausprobieren). Der Kern soll sich leicht, aber exakt bewegen lassen. Ein vierteiliges ,,Trimmerbesteck" kostet bei Conrad Electronic z. Zt. DM 7.90.

Die Inbetriebnahme von Simplex-K

Zunächst sind Antenne und Gegengewicht anzuschließen. Als Antenne empfiehlt sich eine isolierte Litze beliebiger Art (3–5 m lang). Diese wird mit A 2 verbunden. Man braucht diese Antenne nicht besonders herzurichten. Es genügt, wenn man den Draht lose über einen oder mehrere Schränke legt, auch über die Schrankschlüssel hinweg oder auch über die Nägel von an der Wand hängenden Bildern. Der Phantasie sind da keine Grenzen gesetzt.

Als Gegengewicht empfiehlt sich eine beliebig lange Verbindung mit der Zentralheizung oder einer Wasserleitung. Hierbei kann eine Autobatterie-Schnellklemme („50 Amp") gute Dienste leisten. Man kann auch eine Verbindung zu einer Antennensteckdose einer Gemeinschafts-Antennenanlage herstellen. Und zwar zu derjenigen Schraube, welche mit der Kabel-Abschirmung in Verbindung steht.

Das 49 Meter-Rundfunkband wurde deswegen gewählt, weil man auch tagsüber in ganz Deutschland stark einfallende Sender aus ganz Europa empfangen kann. So vor allem Radio-Luxemburg. Wenn wir das Gerät fertig zusammengebaut haben, liegen wir frequenzmäßig irgendwo „in der Gegend". Denn wir kennen die tatsächlichen Werte der Verdrahtungskapazität und der Induktivität von LA nicht. Das 49 Meter-Band muß erst gesucht werden. Das erfordert etwas Geduld. Der Spulenkern wird so weit eingedreht, bis seine obere Stirnfläche gerade mit dem Gewinderohr bündig ist. Damit liegt man weit über 6,3 MHz. Der Rotor von CA wird ganz aus dem Stator herausgedreht. Sodann schaltet man das Gerät ein und stellt die Rückkopplung kurz hinter den Schwingungseinsatz. Nun dreht man den Ferritkern ganz langsam in die Spule hinein. Dabei hört man ab und zu Telegrafie-Sender. Von einer bestimmten Stelle an hört man stärkeres Einpfeifen und im „Schwebungsnull" dann die Modulation. Das ist meistens ein Sender am oberen Ende des 49 Meter-Bandes. Jetzt muß man die Rückkopplung zurücknehmen bis ganz kurz vor dem Schwingungseinsatz. Nun arbeitet man mit CA weiter und kann damit das 49 Meter-Band überstreichen. Radio-Luxemburg sollte ungefähr bei 90 auf der Feintriebskala liegen. Ob man das 49 Meter-Band tatsächlich erwischt hat, kann man leicht durch weiteres Hineindrehen des Ferritkernes feststellen: Kommt noch eine Gruppe weiterer Sender, so ist diese erst das 49 Meter-Band. Das erste war dann das 41 Meter-Band bei 7 MHz.

Um festzustellen wie der Sender heißt den man gerade empfängt, muß man eine Stationsansage abwarten. Man darf auch nicht enttäuscht sein, daß anfangs ein ziemliches Durcheinander von Sendern zu hören ist und daß die Sender am Tage oft schnell verschwinden und mit großer Lautstärke wiederkommen. Das ist bei Kurzwelle und für solch einfache Empfänger normal und sollte uns den Spaß nicht verderben. Schließlich sollen ja unsere Gerätchen dazu dienen, auf einfache, plastische Weise in die Geheimisse der Elektronik einzusteigen. Für guten Kurzwellenempfang gibt es besondere Empfänger.

Das Aufsuchen des 80 Meter-Amateurbandes erfolgt grundsätzlich auf die gleiche Weise wie beim 49 Meter-Band. Als Kennstation empfiehlt sich Radio Bern auf 3985 kHz, welches meistens gut hereinkommt und abwechselnd in mehreren Sprachen sendet. Die Empfangsmöglichkeit des 80 Meter-Amateurbandes ist vor allem gedacht für Arbeitsgruppen angehender Funkamateure. Denn die Modulation ist hier „Einseitenband-Modulation". Diese kann zwar mit Simplex-K empfangen werden, benötigt aber besondere Fertigkeiten, auf die im Rahmen dieses Buches nicht eingegangen werden kann. Außerdem sollte dann die Gesamtverstärkung durch eine zusätzliche Transistorstufe noch ein wenig angehoben werden. Der Empfang von Mittel- und Langwelle hingegen bereitet keinerlei Probleme. Übrigens sollte man bei einer einmal gewählten Antenne bleiben, denn eine andere Antenne verstimmt den Schwingkreis ein wenig und man muß zwar nicht das ganze Band neu suchen, aber die einzelnen Sender im Band.

Die Formel (1), mit der wir die Gesamtkapazität von C 6, C 7 und C 8 ermittelt hatten, sollten wir uns gut einprägen. Setzen wir anstelle der Kapazitätswerte C Widerstandswerte in Ohm ein, so können wir den Gesamtwiderstand mehrerer parallel geschalteter (!) Widerstände berechnen. Somit ergibt sich folgende, ganz wichtige Gesetzmäßigkeit: Kondensatoren parallel oder Widerstände in Serie = einfache Addition der Werte; Kondensatoren in Serie oder Widerstände parallel = Formel (1).

Anhang

Conrad

Werkzeug-Grundausstattung	Bild	Best.-Nr.
1 Lötkolben ERSA 30	A 1	81 10 17
1 Ersatzspitze, abgewinkelt, Typ 032 JD	A 2	81 11 22
1 Wickel Lötdraht, Ø 1 mm	A 3	81 28 89
1 Dose Lötfett, säurefrei	A 4	81 34 00
1 Rolle Entlötlitze	A 5	81 17 85
1 Zangenset	A 6	80 50 50
(Flachzange, Telefonzange gebogen, Rundzange, Spitzzange, Seitenschneider)		
1 Pinzette, Metall	A 7	80 31 11
1 Pinzette, Isoliermaterial	A 8	80 31 46
1 Satz Schraubendreher	A 9	80 65 60
1 Widerstands-Codescheibe Vitrometer	A 10	40 00 09

Sonstiges: Metall-Lineal, Hand- oder Elektro-Bohrmaschine (mindestens bis 3 mm spannend), Laubsägebogen, Laubsägebrettchen mit Schraubzwinge, Laubsägeblätter, Spiralbohrer 2 ... 3,2 mm, 1 Dosenlocher (zum Ankörnen der Bohrungen in Holz).

Kleine Lötlehre

Von ganz besonderer Wichtigkeit für eine erfolgreiche praktische Beschäftigung mit der Elektronik ist das sorgfältige Verbinden der einzelnen Bauteile durch einwandfreie Lötungen. Man muß sich daher sehr sorgfältig damit befassen und viel üben. Denn der Lötvorgang selbst ist an sich sehr einfach. Um die Sache aber buchstäblich "in den Griff" zu bekommen hilft nur häufiges Löten. Daher nachstehend eine kleine Lötlehre, die ganz von vorn anfängt.

Unser Lötkolben, *Bild A 1*, ist ein bewährtes und auch vom Autor seit langer Zeit verwendetes Modell. Wir verwenden es mit der abgewinkelten Spitze ERSADUR 032 JD, *Bild A 2*.

Bild A 1: Das ist unser Lötkolben, ERSA Typ 30.

Bild A 2: Wir verwenden diese abgewinkelte Lötspitze.

Die „Anheizzeit" des Lötkolbens beträgt ca. 2 Minuten. In der Elektronik ist zwar Lötfett verboten, denn trotz der Angabe „säurefrei" ist notwendigerweise immer etwas Säure drin. Und die zerfrißt im Laufe der Zeit die schönsten Lötstellen. Um das Löten zu lernen, ist seine Verwendung dennoch sinnvoll. Denn es ist hier vorrangig, daß die Lötverbindungen leicht herzustellen sind und einwandfrei sind. Unser Lötdraht, *Bild A 3*, hat zwar auch eine „Flußmittel"-Seele, aber die reicht manchmal nicht aus, wenn die zusammen zu lötenden Teile schon ein wenig „oxydiert" sind. *Bild A 4* zeigt eine Dose solchen Lötfettes.

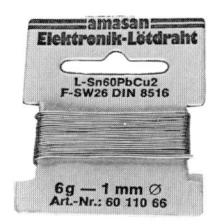

Bild A 3: Ein Wickel 1 mm-Lötdraht.

Bild A 4: Ausnahmsweise verwenden wir Lötfett.

Schließlich brauchen wir zum Abstreifen des Lötkolbens noch etwas. Am einfachsten dient hierzu ein altes Taschentuch. Das macht man naß, wringt es aus, legt es dann in der ursprünglichen Größe zusammen und dann auf den Arbeitstisch . . ., fertig. Aber nun geht's los, in Schritten.

1.) Die Lötösen einer der Lötösenleisten werden dünn mit Lötfett bestrichen. Dabei hilft ein kleines Läppchen oder ein Wattestäbchen (Drogerie, Apotheke).

2) Der heiße Lötkolben wird verzinnt. Dazu wird seine Spitze zunächst auf dem feuchten Tuch abgewischt. Dann bringt man ein Ende des Lötdrahtes kurz (!) an eine Seite der Lötkolbenspitze. Das Zinn fließt sofort und es entsteht ein wenig Dampf. Diesen bitte möglichst nicht einatmen. Könner atmen dabei sogar ein wenig aus.

3.) Die Lötkolbenspitze bringt man mit der verzinnten Seite flach an den einen Schenkel einer Lötöse. Dank des Lötfettes nimmt diese das Zinn sofort und gierig an. Man kann dabei die Lötkolbenspitze ein wenig hin und her schieben oder auch noch etwas Zinn nachtanken.

4.) Die Lötöse soll so aussehen wie früher . . ., nur eben dünn mit Zinn überzogen. Falls zuviel drauf ist . . ., jetzt ist die Entlötlitze, *Bild A 5*, am Zuge. Also: Zuerst überschüssiges Zinn von der Lötkolbenspitze auf dem feuchten Tuch abstreifen, dann ein Entlötlitzen-Ende mit der Kolbenspitze flach auf den überschüssigen Zinnbatzen drücken . . ., nun saugt die Entlötlitze das Zinn gierig auf . . ., das ist schon alles.

Bild A 5: Gegen zu viel Lötzinn hilft diese Entlötlitze.

5.) Nun werden die Lötösen der anderen Lötösenleiste ohne Lötfett (!) verzinnt. Dazu hält man die Spitze des Lötdrahtes an die Lötöse und drückt es vorsichtig mit der Lötkolbenspitze an die Lötöse. Wenn die Lötöse nicht stark oxydiert ist, fließt nun das Zinn dank seiner Flußmittelseele schnell auf die Lötöse.

6.) Anlöten eines Drahtes an eine Lötöse. Dazu wird im Prinzip genau so vorgegangen wie unter 5.). Nur wird vorher der anzulötende Draht in ein Loch der Lötöse gesteckt oder in die Gabelung gelegt. Dazu bräuchte man eigentlich drei Hände . . .; man muß daher den Draht irgendwie noch woanders festklemmen oder mit einem kleinen Gegenstand beschweren oder von der Freundin halten lassen oder, oder . . . Während des Erkaltens des Zinns muß der Draht ruhig gehalten werden, sonst gibt es im Zinn eine ,,Gefügestörung", diese heißt ,,kalte Lötstelle" und muß vermieden werden. Denn sie ergibt elektronische Probleme.

7.) In der Praxis ist das alles viel einfacher als es aus diesem Schrieb hier erscheint. Aber Übung ist eben dazu unentbehrlich. Und einen Trost gibt es allemal: Auch ,,alte Hasen" fabrizieren ab und zu mal eine kalte Lötstelle, besonders wenn jemand zuschaut . . .

Damit ist unsere kleine Lötlehre schon zu Ende. Feinheiten bringt dann die Praxis.

Es soll nochmals darauf hingewiesen werden, daß Lötfett in der Elektronik nichts zu suchen hat und hier nur zum Lernen vorgeschlagen wird. Als Flußmittel hat sich früher für Daueranwendung ein Gemisch aus Kolophonium und Spiritus bewährt. Heutzutage gibt es das unter dem Namen ,,Löthonig" in Tubenform, die leicht anzuwenden ist.

Beim Löten wird man feststellen, daß der Lötkolben oft etwas zu heiß ist und man ihn ziemlich oft reinigen muß. Es gibt nun sog. ,,Lötstationen". Diese bestehen aus einem Vorsatzgerät für den Lötkolben und ermöglichen die Spannung für ihn stufenlos zu verringern, so daß man die Temperatur auf einen beliebigen Wert einstellen kann. Wer es sich leisten kann, sollte sich eine solche Lötstation zulegen, es ist eine Investition auf Dauer. Nähere Informationen entnehme man den Katalogen von Conrad Electronic und Radio-RIM.

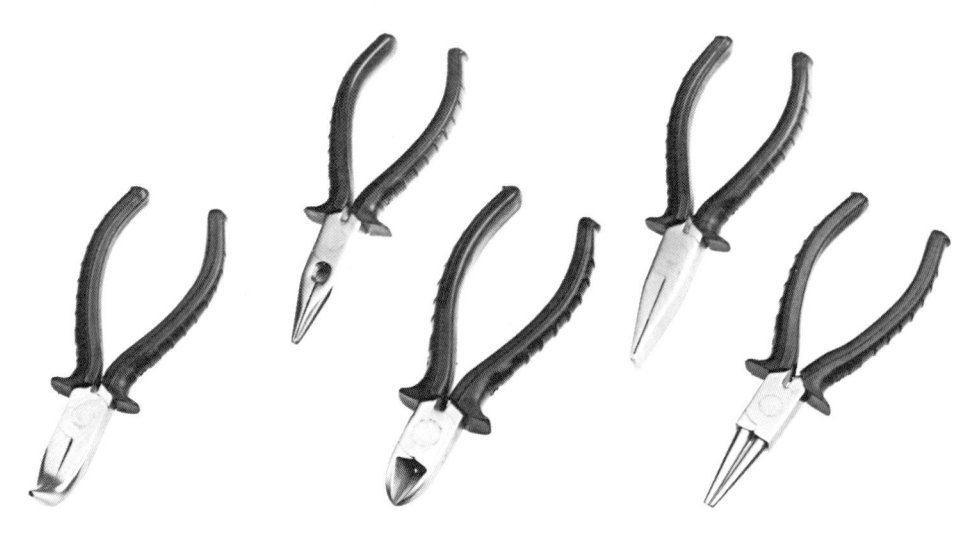

Bild A 6: Ein preiswerter Zangenset.

Bild A 7: Zum Festhalten: Eine praktische Metallpinzette.

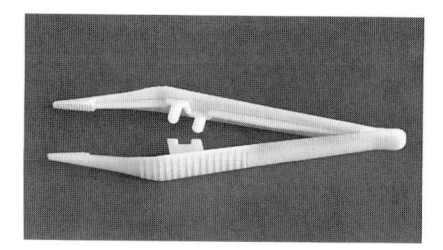

Bild A 8: Zum Isolieren festhalten: Pinzette aus Isoliermaterial.

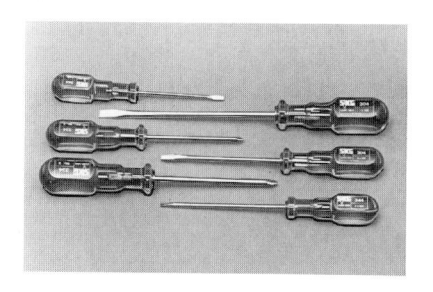

Bild A 9: Ein preiswerter Schraubendreherset.

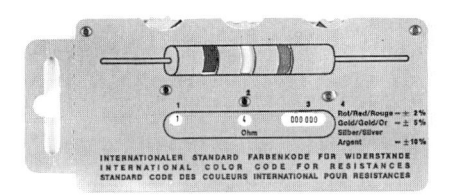

Bild A 10: Zum Codeknacken: Die Widerstands-Codescheibe Vitrommeter.

Farbcode und Normreihen von Widerständen und Kondensatoren

Im Abschnitt „Die Lautstärke wird einstellbar gemacht" (zurückblättern!) wurde kurz darauf hingewiesen, daß die „krummen Werte" Teil einer schlauen internationale Normreihe sind. *Bild A 11* zeigt nun zwei der wichtigsten Normreihen. Ihnen liegen mathematische Gesetze zugrunde, die uns hier nicht interessieren sollen. In der Normreihe „E 6" sind die Werte-Abstände größer als bei der Normreihe „E 12". Nach „E 12" sind auch die lagermäßigen Werte bei den meisten Elektronik-Versandhändlern geordnet. Für's erste kommt man mit den Werten der Reihe „E 6" aus.

Widerstandswerttabelle Normreihe E 6/E 12

Ω		Ω		kΩ		kΩ		kΩ		MΩ	
E6	E12	E6	E12	E6	E12	E6	E12	E6	E12	E6	E12
10	10	100	100	1 K	1 K	10 K	10 K	100 K	100 K	1 M	1 M
	12		120		1,2 K		12 K		120 K		1,2 M
15	15	150	150	1,5 K	1,5 K	15 K	15 K	150 K	150 K	1,5 M	1,5 M
	18		180		1,8 K		18 K		180 K		1,8 M
22	22	220	220	2,2 K	2,2 K	22 K	22 K	220 K	220 K	2,2 M	2,2 M
	27		270		2,7 K		27 K		270 K		2,7 M
33	33	330	330	3,3 K	3,3 K	33 K	33 K	330 K	330 K	3,3 M	3,3 M
	39		390		3,9 K		39 K		390 K		3,9 M
47	47	470	470	4,7 K	4,7 K	47 K	47 K	470 K	470 K	4,7 M	4,7 M
	56		560		5,6 K		56 K		560 K		5,6 M
68	68	680	680	6,8 K	6,8 K	68 K	68 K	680 K	680 K	6,8 M	6,8 M
	82		820		8,2 K		82 K		820 K		8,2 M

Bild A 11: Die zwei wichtigsten internationalen Normreihen.

Die einzelnen Widerstandswerte sind auf den Widerständen durch Farbringe bezeichnet, die auf den Widerstandskörpern aufgebracht sind (vgl. Abschnitt: „Eine Verstärkerstufe wird angehängt"). Nun will man natürlich wissen, welche Farben welchen Widerstandswerten entsprechen. Da gibt es nun den „Internationalen Farbcode für Widerstände und Kondensatoren". *Bild A 12* zeigt ihn, *Bild A 13* einen Widerstand mit solchen Farbringen. Wie Bild A 13 zeigt, hat man es in aller Regel mit 4 Ringen zu tun. Welcher gilt nun als erster Ring für das Ablesen des Widerstandswertes? Nun, da gibt es auch einen Praktiker-Trick. Man nimmt den Widerstand so zwischen die Finger, daß der goldene oder silberne Ring rechts ist. Dann bezeichnet der erste Ring links die erste Ziffer des Widerstands-Sollwertes. (Schwer ?). Die Werte des Farbcodes sollte man eigentlich auswendig lernen . . ., aber es gibt auch da eine Hilfe. Es ist die Widerstands-Codescheibe Vitrommeter, Bild A 10. Auf dieser bequem einstellbaren Scheibe kann man zweierlei ablesen: Erstens, welche Farbring-Folge ein Widerstand für einen bestimmten Widerstandswert haben muß und zweitens, welchen Widerstandswert ein Widerstand mit einer bestimmten Farbring-Folge hat. Auch wenn man meint, den Code schon hinreichend zu kennen, ist die Codescheibe zur Kontrolle wertvoll, um ganz sicher zu gehen.

Kennzeichnung von Festwiderständen
Farbcode

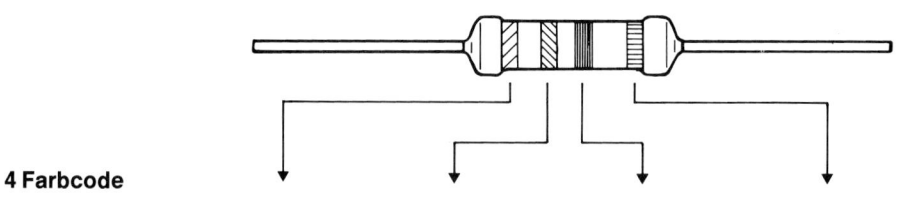

4 Farbcode

Farbe	1. Ring	2. Ring	3. Ring	4. Ring Toleranz
schwarz	–	0	–	–
braun	1	1	0	± 1 %
rot	2	2	00	± 2 %
orange	3	3	000	–
gelb	4	4	0000	–
grün	5	5	00000	–
blau	6	6	000000	–
violett	7	7	–	–
grau	8	8	–	–
weiß	9	9	–	–
silber	–	–	–	± 10 %
gold	–	–	–	± 5 %

Beispiel: gelb–violett–rot = 4700 = 4,7 kΩ.

Bild A 12: Mit diesem Farbcode werden vor allem Widerstände gekennzeichnet.

Bild A 13: So sieht ein Widerstand mit diesem Farbcode aus.

Gebräuchlichste Einheiten in der Elektronik

Weiter vorn wurde schon an passender Stelle auf Vorsilben eingegangen, die bei den elektrischen Einheiten verwendet werden. *Bild A 14* zeigt nun in Form einer Tabelle eine Übersicht über diese Vorsilben, wie sie in der Elektrik und Elektronik vorwiegend verwendet werden. Die Tabelle spricht für sich selbst.

Gebräuchliche Einheiten

	$\times 10^{-12}$ Piko	$\times 10^{-9}$ Nano	$\times 10^{-6}$ Mikro	$\times 10^{-3}$ Milli		$\times 10^{3}$ Kilo	$\times 10^{6}$ Mega	$\times 10^{9}$ Giga	$\times 10^{12}$ Tera
Volt		nV	µV	mV	V	kV	MV	GV	
Ohm				mΩ	Ω	kΩ	MΩ	GΩ	TΩ
Ampere	pA	nA	µA	mA	A	kA			
Farad	pF	nF	µF	F					
Henry		nH	µH	mH	Hy				
Hertz					Hz	kHz	MHz	GHz	THz
Watt		nW	µW	mW	W	kW	MW		
Wattstunde					Wh	kWh	MWh		

Bild A 14: Auf einen Blick: Die gebräuchlichsten Einheiten in Elektrik und Elektronik.

Lieferantenhinweis:

1.) Conrad Electronic, Klaus-Conrad-Straße 1,
   8452 Hirschau, Tel. 0 96 22/30-0 (Allround-Elektronik)

2.) Radio-RIM, Bayerstraße 25,
   8000 München 2, Tel. 0 89/5 51 70 20 (Allround-Elektronik)

3.) Westfalia-Technika, Industriestraße 1,
   5800 Hagen 1, Tel. 0 23 31/3 55 18 (Elektronikteile, Werkzeuge)

4.) Radio-Taubmann, Vordere Sterngasse 11,
   8500 Nürnberg, Tel. 09 11/22 41 87 (Transformatoren)

5.) MIRA-Elektronik, K. Sauerbeck, Beckschlagergasse 9,
   8500 Nürnberg 1, Tel. 09 11/55 59 19 (insbes. Spulenkörper etc.)

6.) Hans Großmann Elektronik, Talstraße 7a,
   3252 Bad Münder, Tel. 0 50 42/83 85 (Drehknöpfe)

7.) Hopt GmbH, Birkenweg 18,
   7464 Schömberg 2, Tel. 0 74 27/20 83 (Luftdrehkos, Lufttrimmer)

*A. Härtl / * **Optoelektronik in der Praxis.** 3. überarbeitete Auflage, 248 Seiten, ca. 250 Abbildungen.
Opto-Vergleichstabelle, technische Daten, Schaltungen und Anschlußbelegungen zu den gängigsten und bekanntesten LEDs, Blink-LEDs, IR-LEDs, Fotowiderstand, Optokopplern, Fototransistoren, Reflexlichtschranken, Siebensegmentanzeigen, LED-Leuchtbändern, LCD-Anzeigen. Anhang mit den wichtigsten Anschlußbelegungen von CMOS-ICs, TTL-ICs, Transistoren u.v.m.

*A. Härtl / * **Halbleiter-Anschluß-Tabelle.** 4. überarbeitete und erweiterte Auflage.
Dieses Buch bietet dem engagierten Elektroniker eine Fülle von Informationen. Auf 144 Seiten werden über 1000 Anschlußbelegungen der wichtigsten Linear, TTL- und CMOS-ICs, Transistoren, Triacs, SMD-Bauteile und Siebensegmentanzeigen vorgestellt. Eine Vergleichstabelle für Linear- und MOSFET-Typen rundet die Zusammenstellung ab. Auch der neuen SMD-Technik wurde bereits Rechnung getragen. U. a. finden Sie jetzt Anschlußbelegungen und Vergleichstypen (konventionell/SMD) von SMD-Transistoren, -Dioden, -LED sowie einen Stempel-Code-Schlüssel von SMD-Transistoren.

A. Härtl / **SMD-Technik.** 64 Seiten, zahlreiche Abbildungen.

Die SMD-Technik (Surface Mounted Devices = Oberflächenmontierte Bauteile) ist immer weiter auf dem Vormarsch und dringt nicht zuletzt auch in den Hobbybereich vor.

Aus dem Inhalt: Allgemeines zur SMD-Technik · Verarbeitung mit dem Lötkolben · Hinweise zur Leiterplattengestaltung (Layout) · Vergleichstabelle SMD – Konventionell · Stempelcode-Aufschlüsselung · Anschlußbelegung von Transistoren und anderen SMD-Bauteilen.

Das Buch stellt eine wertvolle Arbeitsunterlage dar für den „SMD-Einsteiger" und all jene, die bereits mit SMD-Bauteilen arbeiten.

H. Thorey / **Modelleisenbahn-Technik.** 144 Seiten, zahlreiche Abbildungen und Fotos.

Der besondere Reiz des Modelleisenbahn-Hobbys liegt darin, daß die kleinen Modelle in Form, Farbe und Funktion möglichst nah an die großen Vorbilder heranreichen. Die Modelleisenbahn-Technik bietet heute eine ganze Palette von Möglichkeiten, diesem Ideal näherzukommen.

Wichtig für den Modellbau-Praktiker ist das Gewußt-Wie, sind Anregungen und Hilfestellungen. Dieses Buch behandelt physikalische Vorgänge genauso wie technische Fragen bis ins Detail. Es bietet Grundlagen für den Einsteiger, und für den Experten neue Anregungen für Planung, Konstruktion und Selbstbau.

Die Elektronik spielt bei der Modelleisenbahn eine immer wichtigere Rolle. Dieses Buch geht auch auf dieses Thema ausführlich ein.